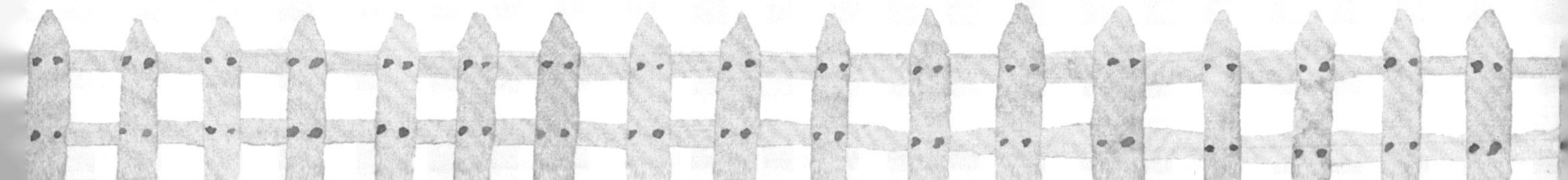

好奇心 × 靈活動腦 × 手眼協調
親子同樂
創造力 UP UP 的
好有趣
手作遊戲 DIY

親子同樂★

創造力UP UP的好有趣手作遊戲DIY

目錄

Stuff

編輯統籌：福田佳亮
編輯：玉田枝実里　万崎 優　小島美奈子（以上為說話社）
繪圖：かないとよあき
攝影：村尾香織
書本設計：菅野涼子　根本直子（以上為說話社）　苅谷涼子

P.42布用顏料Faco提供：
ハマナカ株式会社
〒616-8585　京都市右京区花園薮ノ下町２番地の３
TEL：075-463-5151（代表）

作家簡介

かないとよあき

居住於神奈川縣，身兼插畫家、手工藝企劃、品川區北浜兒童冒險廣場遊戲工作人員等，從事各種兒童相關領域的工作。
http://www.geocities.jp/no_a_mo_tk/

deer

居住於北海道，身為兩歲孩子的母親，經常利用身邊的物品製作漂亮小物，並將作品發表於主婦網「暮らしニスタ」，曾獲2015年暮らしニスタ大賞獎項。
http://kurashinista.jp/user_page/detail/1302/

ヨーコリン

居住於埼玉縣，育有小學階段的孩子，為網站設計師。以「能夠和孩子一起動手作」為創作宗旨。作品發表於手作雜貨等部落格，曾獲2014年暮らしニスタ大賞獎項。
http://ameblo.jp/yocolins/

yuge

居住於北海道，身為兩歲孩子的母親，以「手作遊戲系列」的作品為主，不定期發表於網頁中。從簡單到精緻，創作幅度十分廣泛。
http://yuge.moo.jp/

使用空罐

塗上粉嫩色彩

01 小物提箱

製作／deer

無法聯想到是資源回收再利用，
造型真可愛♡
這其實是用蒲燒魚罐頭製作的呢！

看這裡！
連同貼上去的英文報紙也塗上顏料，隱約可見的模樣更有時尚感☆

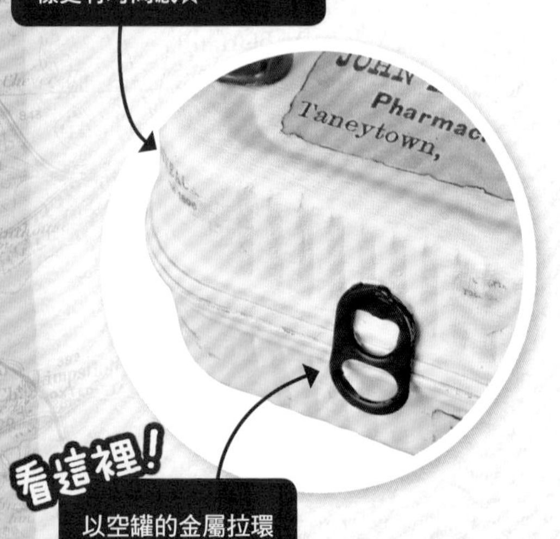

看這裡！
以空罐的金屬拉環作為開關釦具。

作法▸▸▸P.36

使用毛線

色彩甜美又俏麗♡

毛球飾品

製作／ヨーコリン

藉由瓦楞紙輔助，
將鬆軟的毛線作成粉嫩的毛球，
再結合其他配件，
就是女孩們愛不釋手的飾品了！

03 浪漫胸針

02 馬卡龍髮圈

看這裡！

混合毛線＆碎布作出更華麗的毛球♡

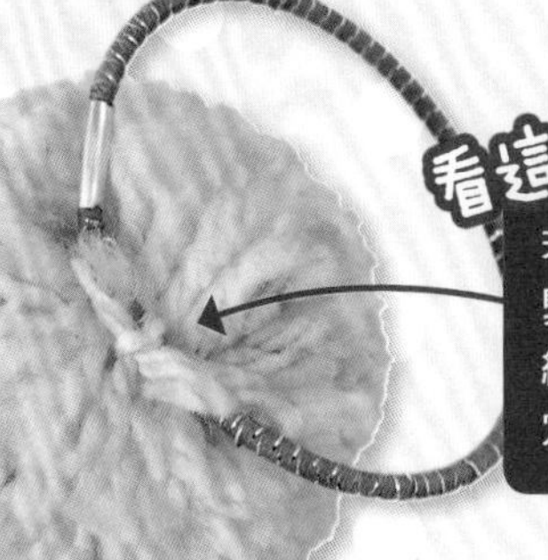

看這裡！

若想在毛球背面加上鬆緊髮圈，預留稍長的毛線會比較容易打結固定。

作法▶▶▶P.38

使用寶特瓶 神奇的釣寶遊戲

04 浮沉子吊車

使用寶特瓶一起來作好玩的遊戲！
浮在水中的浮沉子忽上忽下的，
真是樂趣無窮！

製作／かないとよあき

使浮沉子吸入少許水。

浮在寶特瓶的最上面。

看這裡！

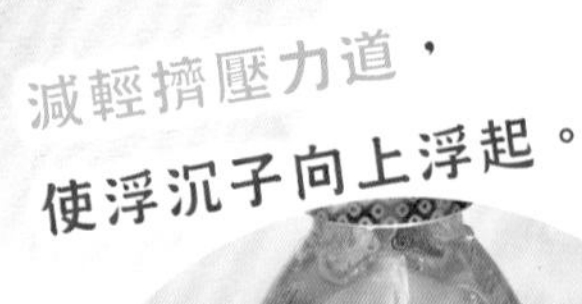

浮沉子是以便當內附的小醬料瓶製作而成的唷！

以手擠壓寶特瓶，使浮沉子往下沉！

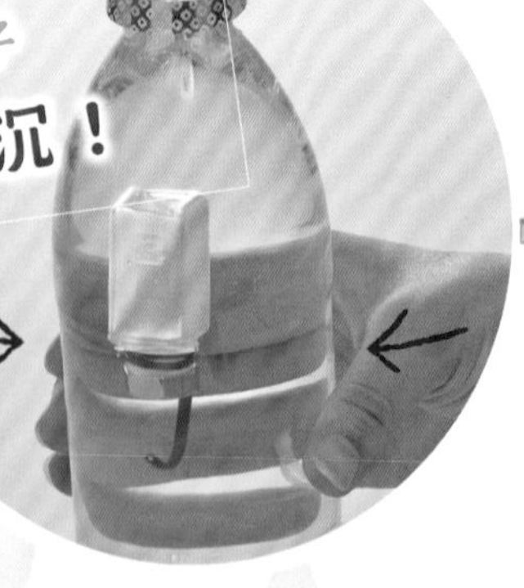

操縱吊鉤鉤住寶物！

減輕擠壓力道，使浮沉子向上浮起。

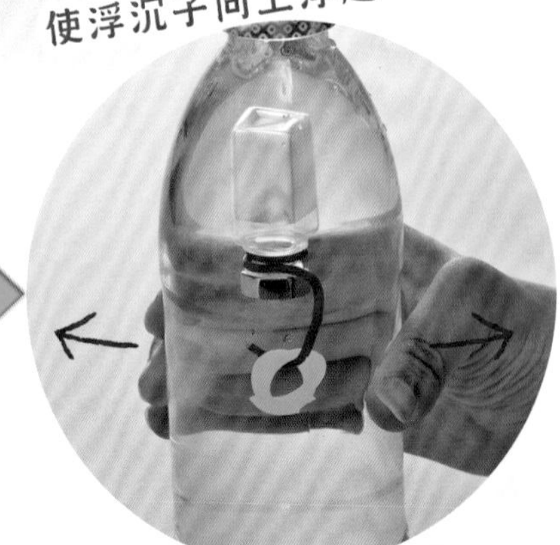

作法▸▸▸P.40

使用障子紙

貼上就OK！

05 氣球燈罩

將和紙撕成小塊狀
黏貼到氣球上，
簡單就能完成燈罩。
為房間點上柔和的燈光吧！

製作／かないとよあき

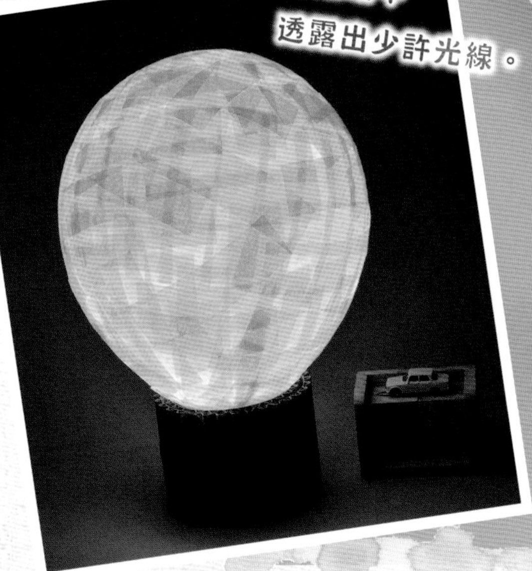

在黑暗中
透露出少許光線。

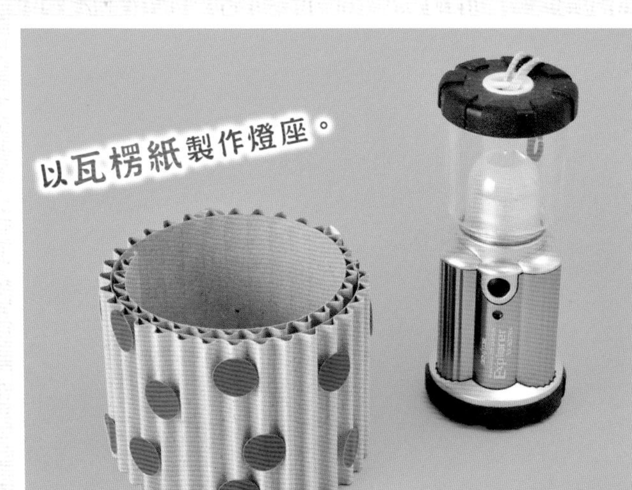

以瓦楞紙製作燈座。

看這裡！

以氣球鼓起的模樣作為燈罩形狀的基底。
黏貼完成後，剪下氣球打結處，取出氣球。

喀嚓！

作法▶▶▶P.42

使用紙杯&布

點燃歡樂氣氛♪

生日☆派對用品

製作／ヨーコリン

把房間布置成最棒的派對場地吧！
利用家中的紙杯&布片，
動手製作閃亮亮的派對小物♡

06 普普風☆吊旗

07 流蘇餐墊

餐墊上的圖案
是利用蓮藕蓋印上去的。

試著利用各種蔬菜
進行蓋印吧！

看這裡！

裝飾的流蘇是以繡線捲繞叉子製作而成的。利用顏色組合就能創造出不同的氛圍☆

作法▸▸▸P.45

作法▸▸▸P.46

使用寒天

跟真的一模一樣！？

仿真蔬菜蠟燭

製作／yuge

看起來像蔬菜，其實是蠟燭！
製作時削點蠟筆加進去，
色彩就會鮮明又逼真。

10 切段玉米

09 小朵綠花椰菜

綠花椰菜連花球上的小顆粒也如實呈現。

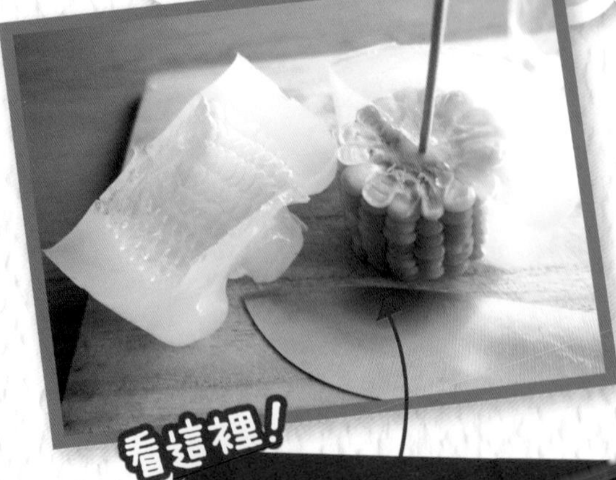

看這裡！

蠟燭的造型是將蔬菜放入寒天中進行翻模，再在造型模中注入加了顏色的蠟製作而成。

玉米顆粒

作法▶▶▶P.48

使用塑膠板 瞬間上色！

11 神奇卡片

原本純白未著色的畫，用手抽出來後嚇了一大跳！
好不可思議，你知道它的原理嗎？

製作／かないとよあき

純白的卡片……

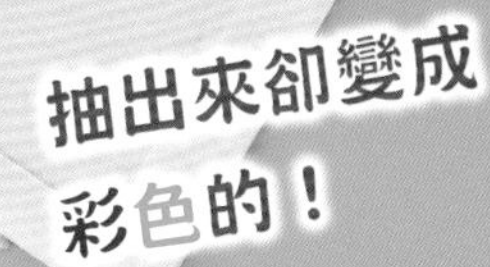

抽出來卻變成彩色的！

一會兒有顏色，一會兒沒有……這是變魔術嗎？

看這裡！

仔細看，卡片有兩層喔！顏色消失的重點就在這裡☆

作法▸▸▸P.51

使用牛奶盒 守護寶物！

12 咬指鱷魚

製作／yuge

寶物一被移動，立刻用大嘴利牙咬住！

一伸手去拿鱷魚口中的寶物，
鱷魚就會閉上嘴巴的
機關玩具。
趁手還沒被咬住前，
迅速取出寶物逃開吧！

以鱷魚背上的線來拉扯嘴巴。

看這裡！

在鱷魚嘴中有一個寶特瓶蓋，拉線放上寶物，嘴巴就會張開。

作法▸▸▸P.63

使用小蘇打 啵啵啵冒泡的入浴劑

13 蜂蜜☆泡澡球

製作／yuge

一丟進浴缸，就不斷冒出氣泡地溶化開來。
只要將材料搓揉均勻，立刻就能完成♪

看這裡！
以手搓揉小蘇打＆蜂蜜。

過了一會兒
也還有氣泡殘留

作法▸▸▸P.54

使用寶特瓶蓋

超迷你款齊聚一堂♪

14 小小帽子店

一打開紙盒，
麥桿帽、禮帽……
各式各樣的帽子任你挑！
你喜歡哪一頂呢？

製作／yuge

帽架是吸管作的喔！將吸管前端削平，可防止帽子滑落。

看這裡!

帽子底部貼有厚紙板。

將紙盒內側貼上布料，營造店鋪感。展示架其實也是寶特瓶♪

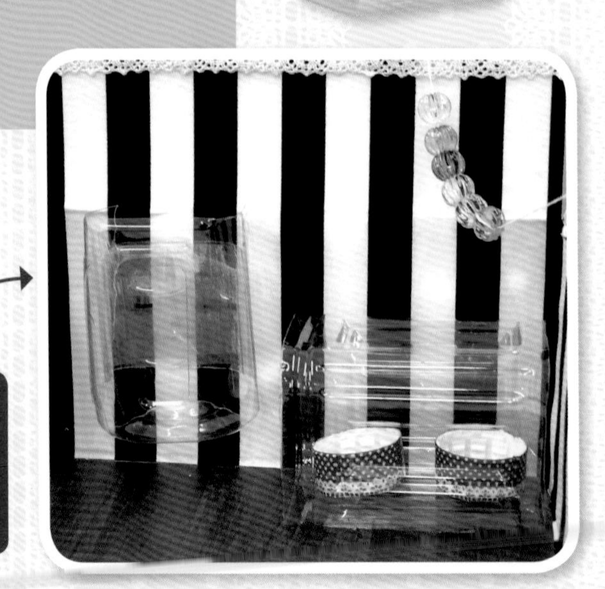

作法▸▸▸P.54

共有10種款式！

帽子店☆款式目錄

作法▸▸▸P.58

使用牛奶盒 三張呆萌的臉

手偶三人組

製作／deer

嘴巴一張一合，好像在聊天般的三隻動物手偶。
每隻都只要用一個牛奶盒就能輕鬆完成♪

15 熊貓

16 兔子

側面

後面

看這裡！
牛奶盒要完全洗淨＆乾燥後再使用♪

口中含著信的青蛙！
當作留言箱使用也很不錯呢！

以手擠壓，嘴巴就會開合。
可以畫上不同圖案，製作各種動物喔♪

17 青蛙

作法 ▶▶▶ P.60

使用紙杯

歡迎來到顛倒的世界☆

18 針孔相機

利用身邊的材料，
就能製作可以看見
不可思議景色的相機。
對著明亮的地方探看其中奧妙吧♪

製作／かないとよあき

將紙杯重疊，
往裡面看過去……

出現了
顛倒的美麗風景！

在紙杯上挖個小洞再貼上描圖紙，就能捕捉到影像。

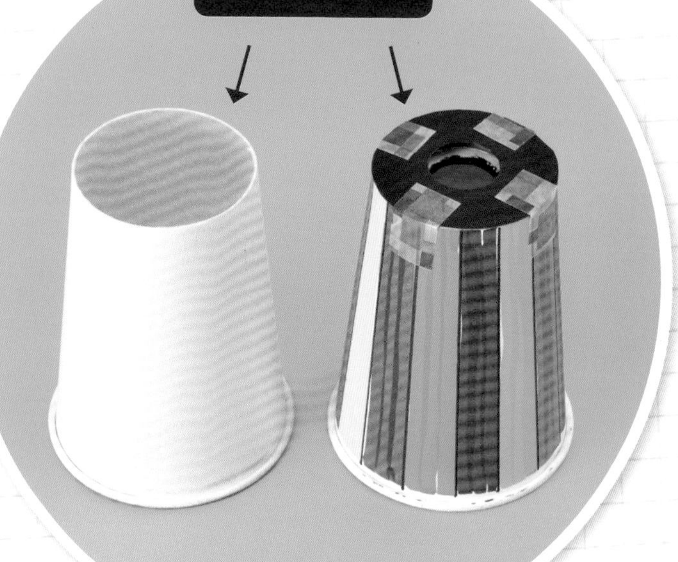

作法▶▶▶P.62

使用牛奶盒

突然蹦出一條蛇！

19 驚奇箱

綁上蝴蝶結的盒子，
一打開就蹦出讓人嚇一大跳的東西！
悄悄地送給朋友，試試效果如何吧☆

製作／かないとよあき

蹦──！

蛇的臉部朝上放入盒中，
再以盒蓋壓住。

看這裡！

在記號位置綁上橡皮筋摺起來後，就可以藉助橡皮筋的力量彈開。

作法▸▸▸P.64

使用寶特瓶

最適合夏天了！

清涼感☆原創透明串珠首飾

製作／yuge

21 歡樂手環

20 緞帶項鍊

將手作的串珠
串接成散發夏季氣息的
原創飾品吧♪

將寶特瓶作成的串珠
＆均一價商店購買的圓串珠
搭配在一起也好可愛啊！

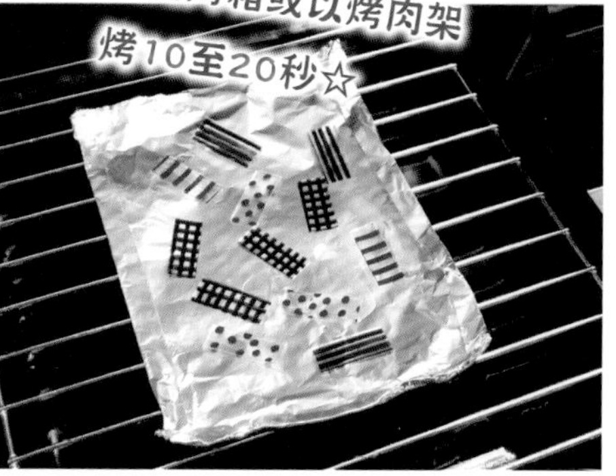

放進烤箱或以烤肉架
烤10至20秒☆

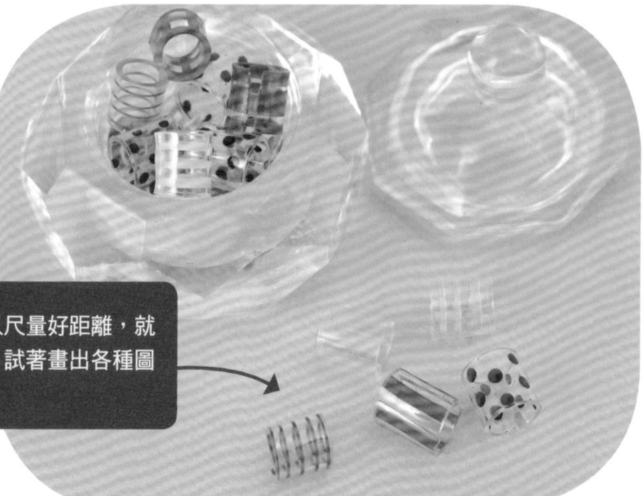

看這裡！

切割寶特瓶時先以尺量好距離，就可以切得更工整。試著畫出各種圖案設計吧！

作法▸▸▸P.66

動物點畫 牙籤藝術

製作／yuge

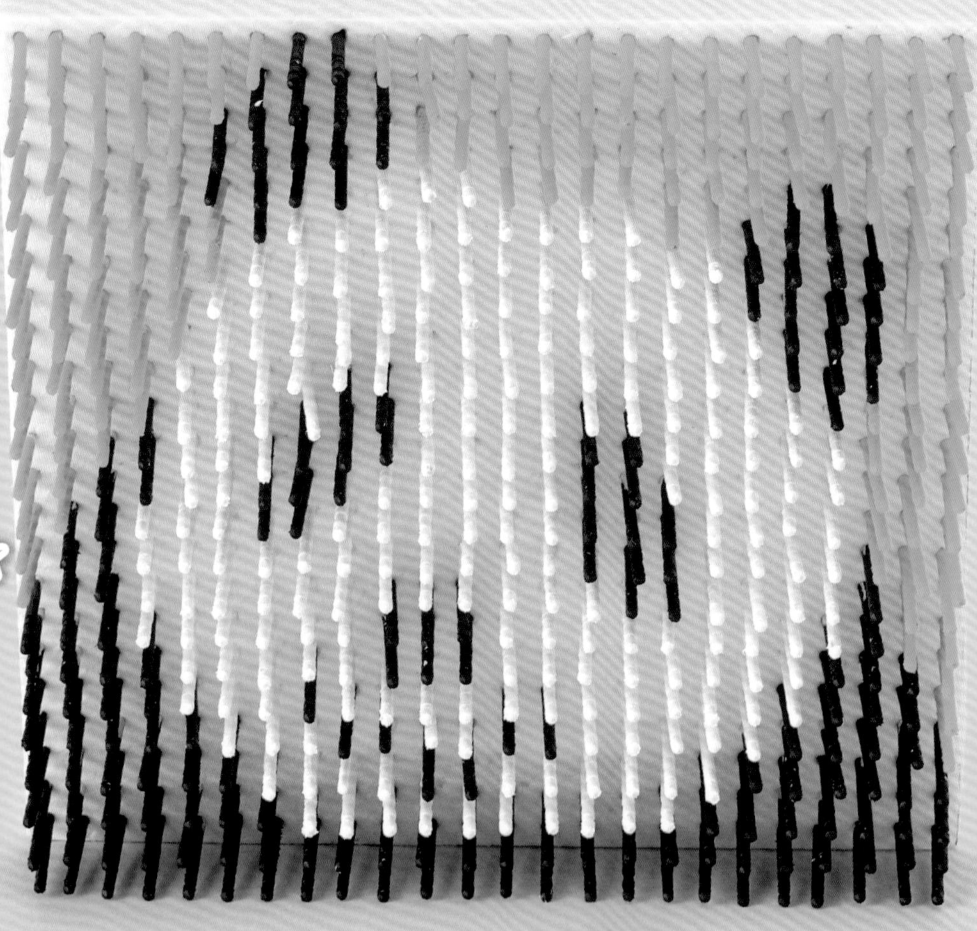

22 人氣明星☆熊貓

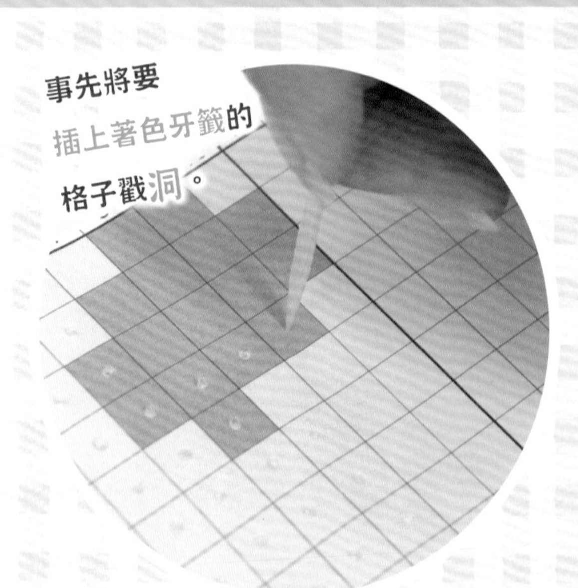

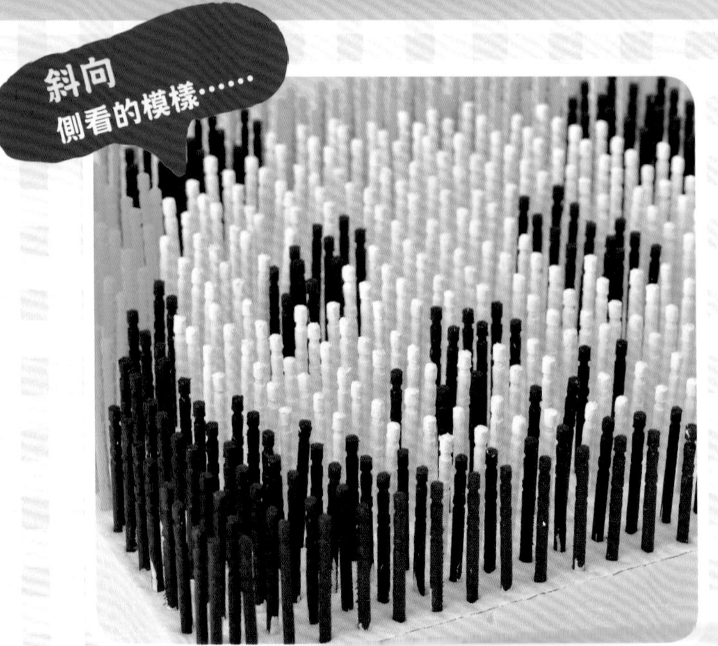

作法▸▸▸P.66

一根根地插上著色的牙籤後，
出現了熊貓＆柴犬的圖案，
真是不可思議！
耐心地挑戰這個
令人驚奇的藝術吧！

23 微笑的柴犬

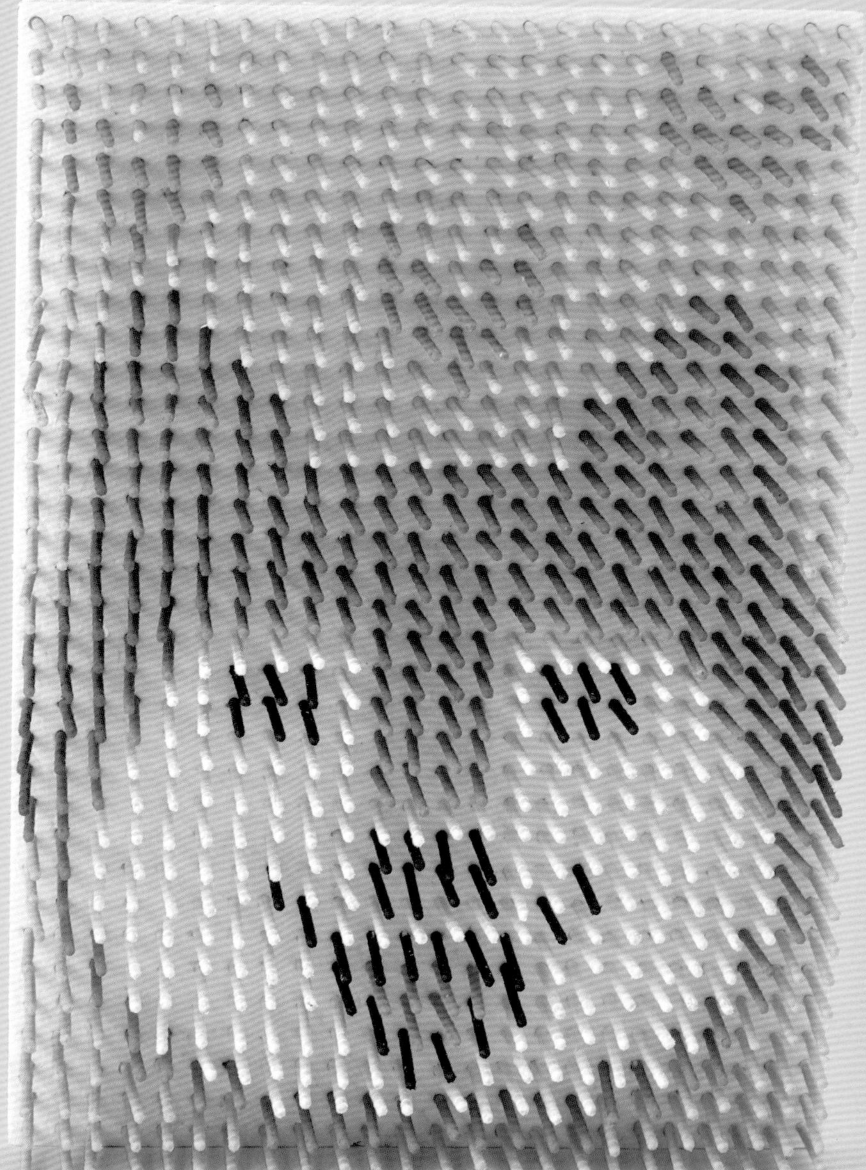

看這裡！
筆直地將牙籤插在保麗龍上，
是呈現漂亮圖案的訣竅。

從側面看……

靠近＆斜斜的看……

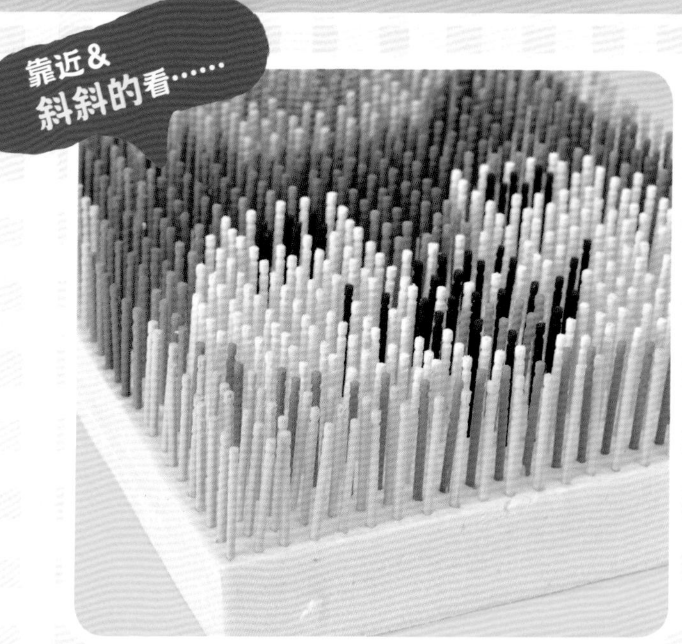

作法▸▸▸P.70

明明丟進銅板，
但……

使用
牛奶盒

根本是在
變魔術吧！

24 把錢變不見的存錢筒

明明丟進銅板，
但從前面一看卻空空如也？
就像在變魔術般的神奇存錢筒。

製作／かないとよあき

咦，不見了？

其實是存錢筒裡面斜放了一塊鏡面板，丟進去的銅板都跑到這裡來了♪

使用牛奶盒

有海賊王的氛圍喔！

25 尋寶存錢筒

急駛於碧藍大海的海盜船出航！
只要舉起利劍，
銅板就落入寶箱內。

製作／yuge

被吃進去的銅板，還是可以從海盜船取出的。

看這裡！

試著把劍略微向上拉，銅板就會快速地掉進寶箱內。

作法▸▸▸P.75

招來幸運♡

26 上帝之眼

God's Eye是流傳於印地安人之間的
古老傳說，
意指「上帝之眼」的守護。
以一綑毛線規律地纏繞即可完成。

製作／かないとよあき

看這裡！

將色彩繽紛的毛線依循固定方向纏繞，就能繞出幾何圖案！

作法▸▸▸P.77

看這裡！

以兩種線為弦，不僅能發出高低音，還能調節線的鬆緊度。

使用
寶特瓶＆空盒

大家一起來演奏♪

自製可吹能彈的傳統樂器

製作／かないとよあき

回收泡麵的空碗＆寶特瓶
製作樂器。
吹彈出來的聲音
還幾可亂真呢！

28 可調音☆二弦魯特琴

27 非洲卡祖笛

看這裡！

在距橡皮管頂端3cm處挖洞，嘴巴靠近一吹，就會發出很大的「咘」聲☆

作法▸▸▸P.80

造型燭台

製作／deer

30 漂亮住家

31 美國小教堂

組合捲筒衛生紙芯＆小小LED燈製作而成的燭台。

不管是住家或教堂，只要改變捲筒芯的切割方式都能輕鬆地完成☆

看這裡！

均一價商店販售的LED燈，正好可以套入捲筒芯內。

使用
彩色玻璃紙

在陽光照射下
璀燦閃亮☆

32 彩虹色的圈環

製作／かないとよあき

作法▸▸▸P.82

透過陽光的反射一閃一亮，
彈珠＆彩色玻璃紙變得好漂亮！
貼上不同顏色的膠帶，
創造專屬特色吧！

在陽光普照的日子
帶到外面玩玩看。
改變陽光照射的角度，
享受多變的色彩。

彩色玻璃紙切割得愈細，
陽光照射起來愈漂亮。

作法▸▸▸P.84

使用海綿

甜點店氛圍！

33 繽紛♡派對甜點

製作／ヨーコリン

將三層的海綿切成小塊狀，
搖身變成可愛甜點。
鋪上不織布作的水果，
大玩派對風。

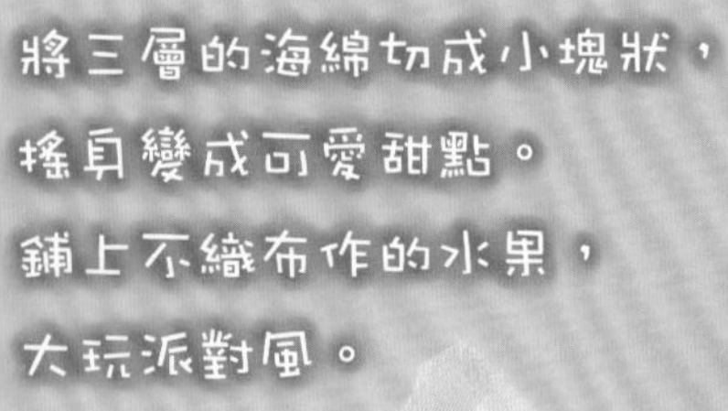

Ⓐ 香蕉巧克力

Ⓑ 抹茶橘子

Ⓒ 國王草莓

Ⓓ 橘子肉桂

Ⓔ 奇異果水果蛋糕

其餘蛋糕參見P.86。

作法▸▸▸P.84

看這裡!

搭配市售的現成小物也OK★
試著加上可愛的串珠、不織布、釦子等。

將牛奶盒貼上喜歡的布料,
製作小店鋪。
以色彩繽紛的布
營造出繽紛熱鬧的氛圍。

作法▸▸▸P.88

使用餅乾罐

令人心跳加速的遊戲！

34 火箭砲&小標靶

製作／yuge

以膠帶將餅乾罐纏繞起來，變身超酷的火箭砲！
再製作出小標靶，
就能和朋友們一起玩射擊遊戲囉！

用力一拉氣球的部分，
就會強而有力地送出空氣，
射中標靶。

看這裡！

將氣球套進圓筒。為了不讓空氣漏出，以膠帶確實密封。

使用牛奶盒 柔和的燈光♡

35 剪紙風燭台

製作／deer

撕下牛奶盒的表層膠膜，
作出呈現自然風的燭台。
再以黑色圖畫紙剪出喜歡的圖案，
貼在牛奶盒上當成裝飾即可，作法相當簡單。

看這裡！

從邊端撕下膠膜。先將牛奶盒拆開再撕，很快就可以全部撕除。

將蠟燭放進瓶中，
罩上牛奶盒作的燭罩★
點蠟燭時請找大人幫忙喔！

作法▸▸▸P.92

使用相框

閃亮扁珠！36 簡單的花窗玻璃

製作／deer

簡單貼上閃亮的玻璃窗貼，
製作帶有穿透感的花窗玻璃。
並點綴上喜歡的扁彈珠，增加色彩。

看這裡！

一貼上玻璃窗貼，就有了花窗玻璃的味道。

在黏貼扁彈珠時，
不要把相同顏色的排在一起。

作法▸▸▸P.94

看見奇妙的世界！閃亮亮☆七彩萬花筒

製作／かないとよあき

只要稍微改變作法，就能作出兩款彈珠萬花筒。
透過彈珠可以看見什麼樣的風景呢？

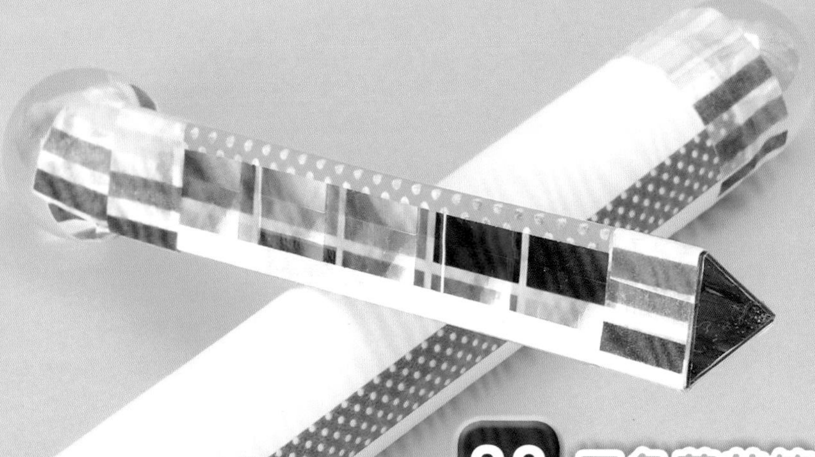

37 圓柱萬花筒

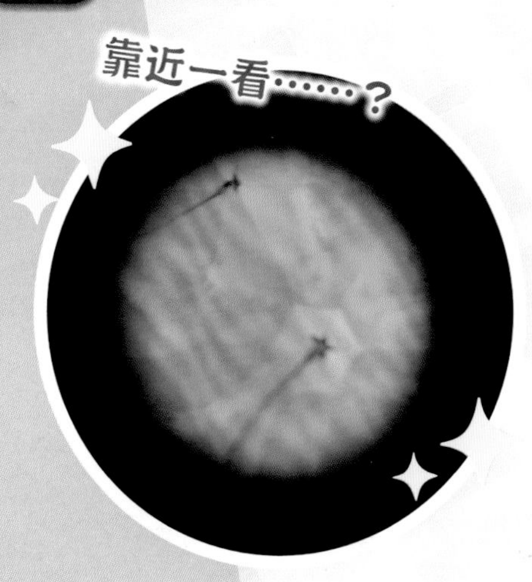

38 三角萬花筒

看這裡！

不要挑選色彩繽紛的彈珠，
請使用透明的基本款。

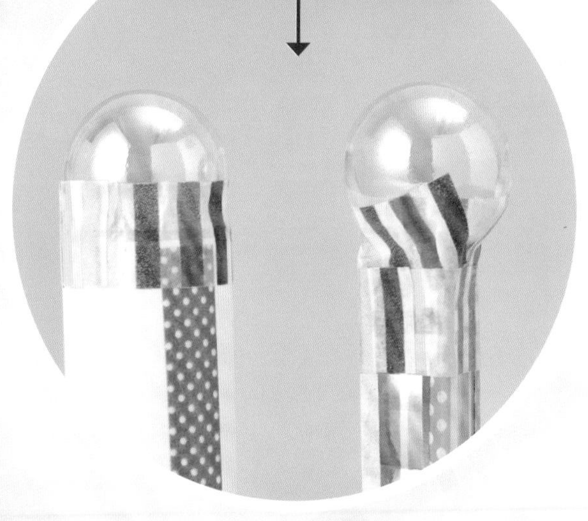

後端可用喜歡的
紙膠帶略加裝飾。

作法▸▸▸P.96

散發精油香氣♪

39 果凍芳香劑

製作／かないとよあき

以保冷劑製作繽紛色的芳香劑。
添加喜愛的精油，讓房間維持淡淡的香味吧！

作業須知

請仔細閱讀後再開始動手作！小朋友務必和家人一起閱讀喔！

必讀重點

 先翻到作法頁面閱讀

在動手之前，請先了解製作方法。
詳細閱讀作法頁面說明，掌握完整的製作流程。

 備齊材料＆工具

先準備好所需的材料＆工具。
事前備妥，才能順利作業。

 標示「注意！」處請和大人一起進行製作

部分作品會用到電鑽或接觸到熱源，
如果覺得困難，就請父母家人幫忙，不要勉強。

 注意不要弄髒桌子……

將桌子鋪上報紙或切割墊再開始作業，
以免弄傷家具。

 小心不要受傷

在使用剪刀、美工刀及叉子等工具時要很小心，
不要割到手或燙傷，作業時要保持專心。

作業完畢後……

- 收好材料＆工具，將工作桌收拾乾淨。
- 確實洗去手上的髒污。
- 將小配件＆剪刀＆美工刀等危險的工具，
  收放在兒童不易拿到的位置。

那麼，就開始動手作吧！

P.3 02 03
毛球飾品的紙型

※詳細作法參見P.36。

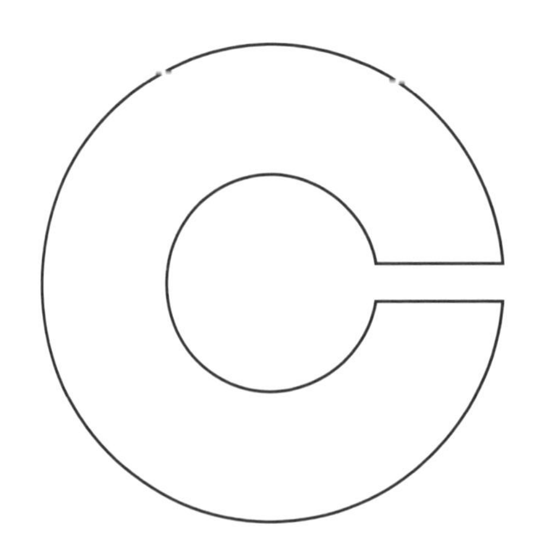

P.30 36
簡單的花窗玻璃紙型

※詳細作法參見P.92。

放大155%影印使用

帆船

魚

P.2 01

塗上粉嫩色彩♪

小物提箱

小物提箱

長／6.5㎝・寬／10.5㎝
高／8.5㎝

工具

木工膠、筆

材料

〈粉黃色〉

秋刀魚蒲燒空罐	2個
英文報紙	1張
金屬拉環	1個
提把	1個
壓克力顏料（白・黑・土黃）	各1個
裝飾用貼紙	適量
白色膠帶	適量

〈水藍色〉

秋刀魚蒲燒空罐	2個
英文報紙	1枚
金屬拉環	1個
提把	1個
壓克力顏料（黑・水藍）	各1個
裝飾用貼紙	適量
白色膠帶	適量

1 將兩個空罐清洗乾淨，靜置乾燥後重疊組合，並以白色膠帶固定其中一邊。

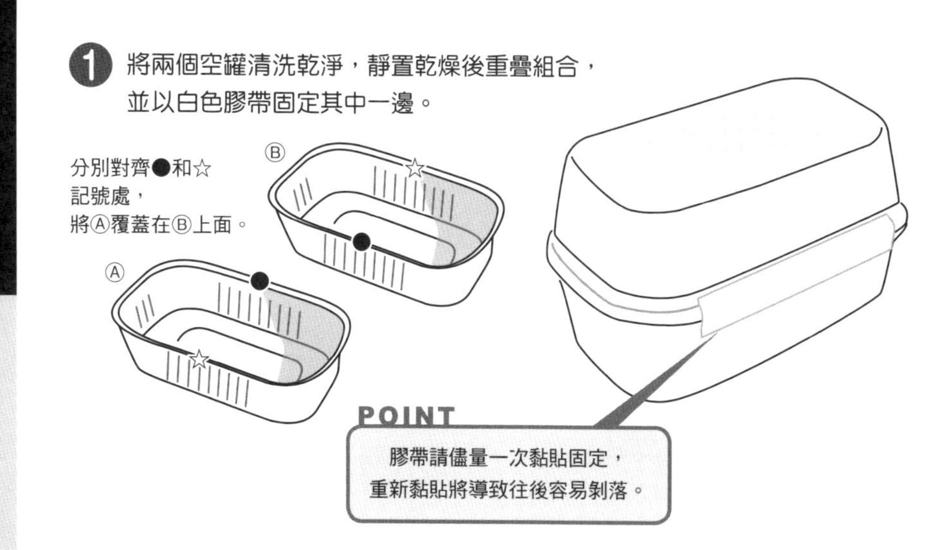

2 以手將英文報紙撕成條片狀，以黏膠貼在空罐上，遮住原本的顏色與圖案。

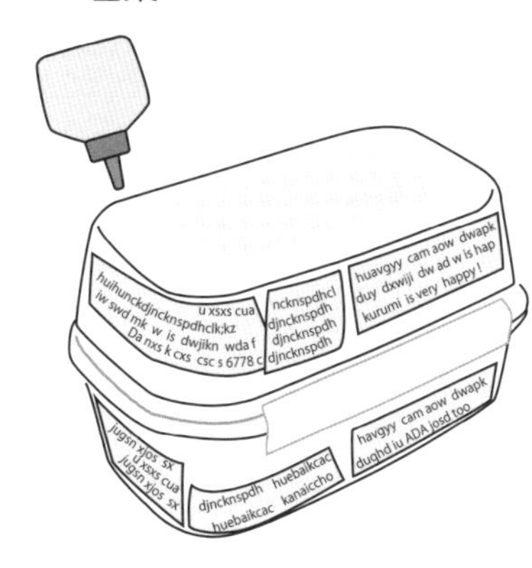

3 〈粉黃色〉是在白色壓克力顏料中加入少許土黃色，混合均勻後塗上。〈水藍色〉則直接塗上水藍色顏料即可。請連同報紙也一起刷上顏色，使字變得隱約可見以增加時尚感。

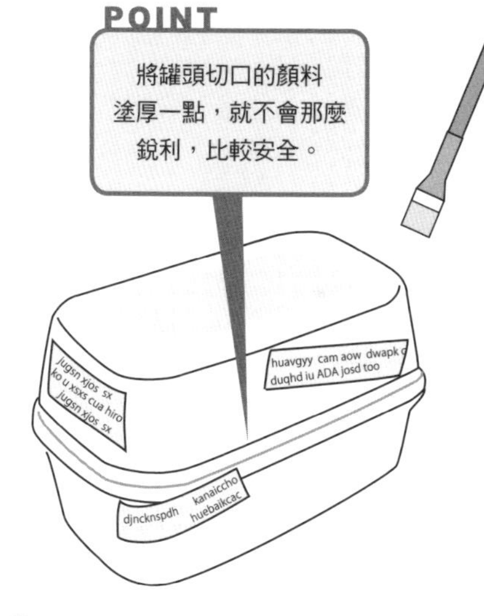

4 將金屬拉環塗上黑色壓克力顏料。

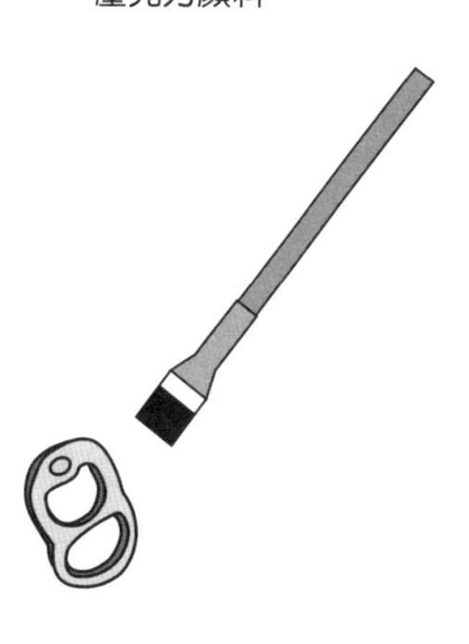

5 黏上提把＆金屬拉環，並依喜好貼上貼紙等裝飾。

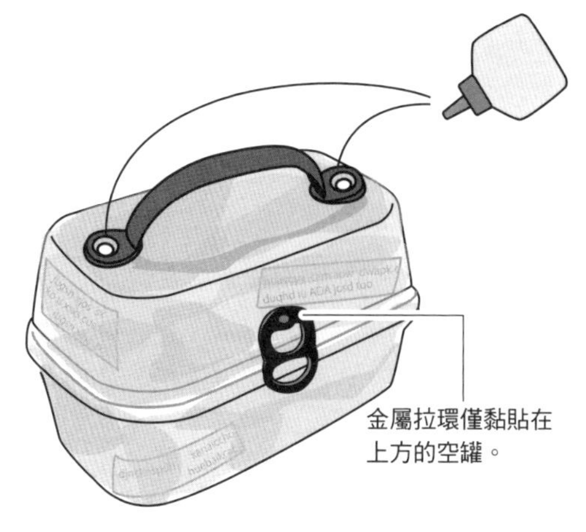

P.3

02 03

色彩甜美又俏麗♡

毛球飾品

完成尺寸

02 馬卡龍髮圈

‥‥‥‥‥‥‥‥‥‥‥‥‥‥長／5.5cm・寬／10cm

03 浪漫胸針

〈緞帶款〉‥‥‥‥長／8cm・寬／9cm

〈提洛爾花紋織帶款〉

‥‥‥‥‥‥‥‥‥‥‥‥‥‥長／13cm・寬／7cm

工具

剪刀、手工藝膠

材料

02 馬卡龍髮圈

瓦楞紙（7cm正方形）‥‥‥‥‥‥2片
毛線（壓克力毛線・粗）‥‥‥‥1球
鬆緊髮圈‥‥‥‥‥‥‥‥‥‥‥‥‥1個

03 浪漫胸針

〈緞帶款〉

瓦楞紙（7cm正方形）‥‥‥‥‥‥2片
毛線（壓克力毛線・粗）‥‥‥‥1球
胸針針托‥‥‥‥‥‥‥‥‥‥‥‥‥1個
不織布花片‥‥‥‥‥‥‥‥‥‥‥‥1片
布（8cm×40cm）‥‥‥‥‥‥‥‥‥1片
緞帶（25cm至30cm）‥‥‥‥‥‥‥1條
蕾絲（25cm至30cm）‥‥‥‥‥‥‥2條

〈提洛爾花紋織帶款〉

瓦楞紙（7cm正方形）‥‥‥‥‥‥2片
毛線（壓克力毛線・粗）‥‥‥‥1球
胸針針托‥‥‥‥‥‥‥‥‥‥‥‥‥1個
不織布花片‥‥‥‥‥‥‥‥‥‥‥‥1片
布（8cm×40cm）‥‥‥‥‥‥‥‥‥1片
提洛爾花紋織帶（20cm）‥‥‥‥2條
蕾絲（10cm）‥‥‥‥‥‥‥‥‥‥‥2條

【02 03 通用】

依紙型裁剪瓦楞紙製作輔具。
複印P.34的紙型疊在瓦楞紙片上，以美工刀切割。共製作2片。

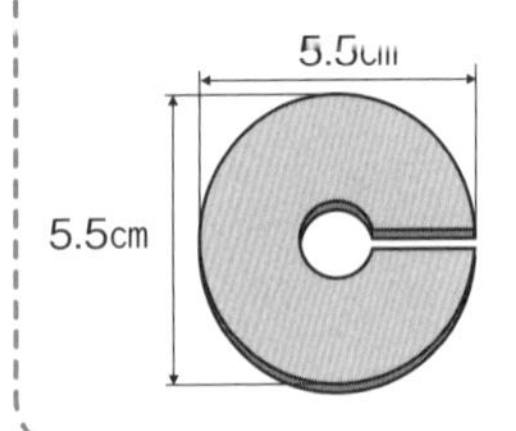

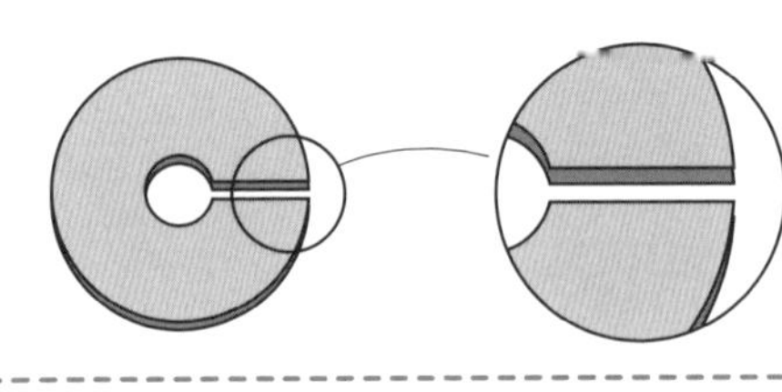

【02 馬卡龍髮圈】

1 將兩片紙型重疊後開始纏繞毛線。

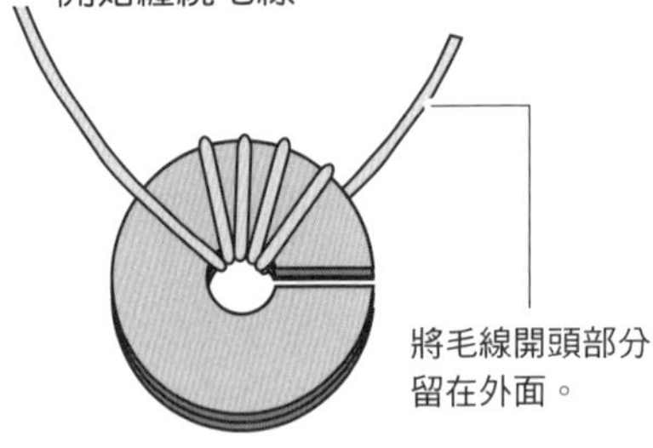

2 纏繞至接近切口處時，再往回將整圈繞滿。

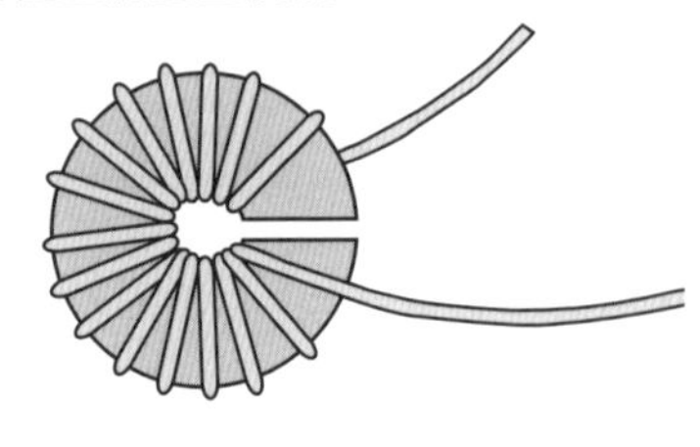

3 大概繞100次就OK了。

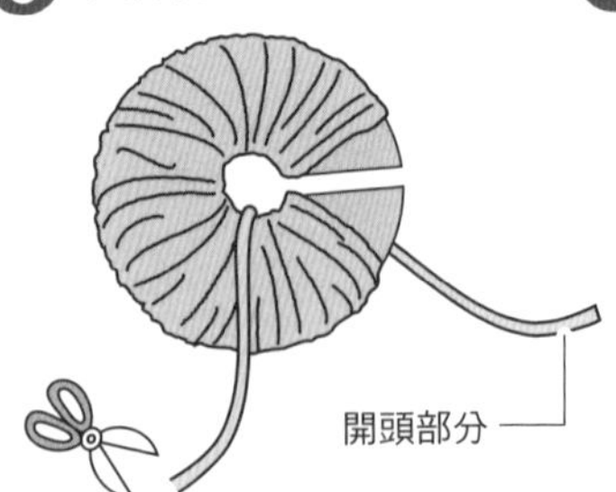

4 將剪刀穿入重疊的瓦楞紙之間，將毛線全部剪開，就變成了蓬鬆球狀。

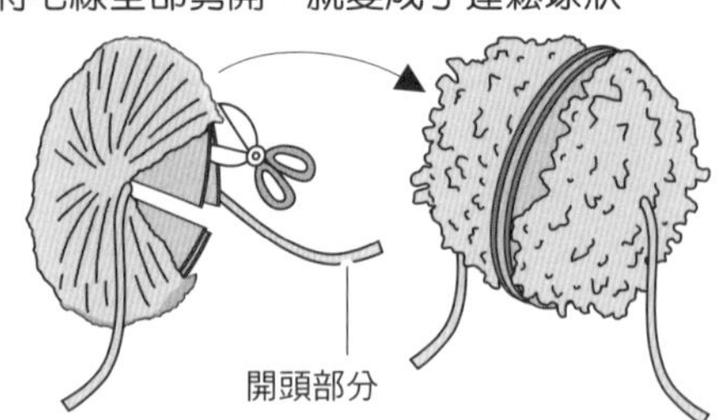

5 將剪成15cm長的毛線穿進兩片瓦楞紙的空隙，綁緊打死結。

POINT
打結固定的毛線不要剪太短，因為還要套入鬆緊髮圈。

6 抽掉瓦楞紙，一邊梳開毛線一邊以剪刀修剪成漂亮的球形。

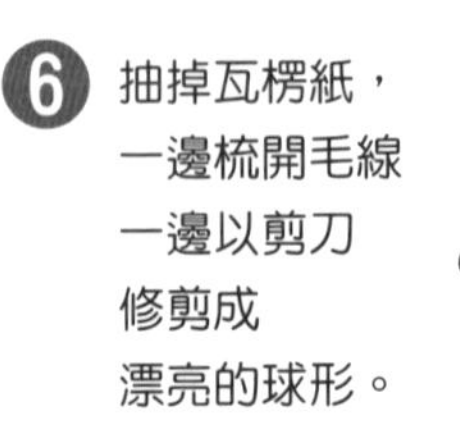
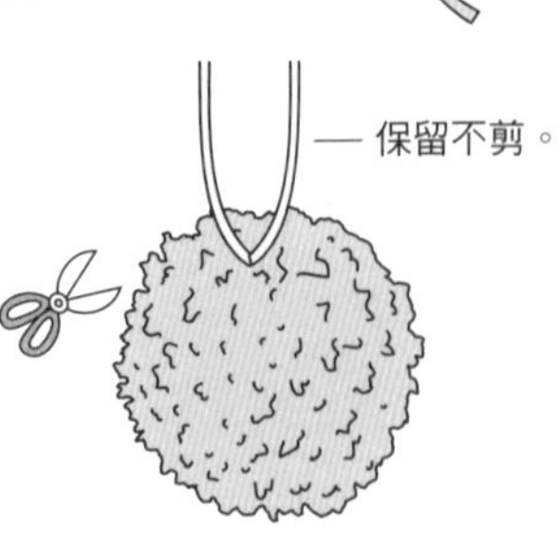

7 將鬆緊髮圈套入一邊的毛線後，用力綁緊，完成！

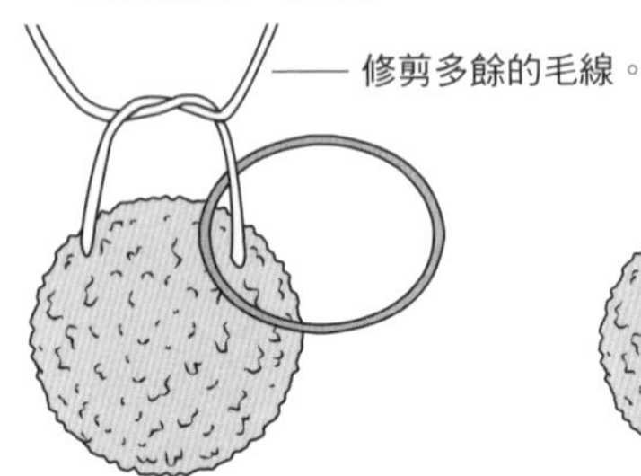

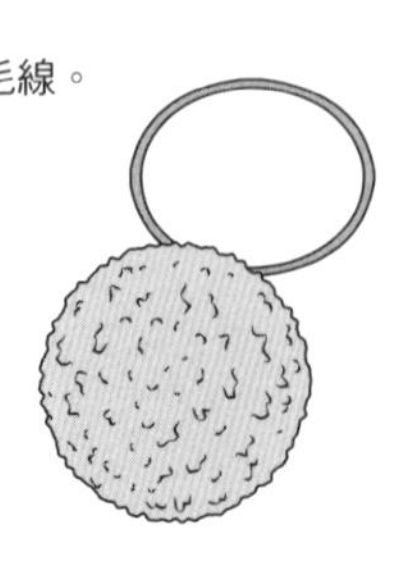

【03 浪漫胸針】

〈緞帶款〉〈提洛爾花紋織帶款〉通用

1 準備長8cm×寬40cm左右的布。
將布的一端分成四等分，
每隔2cm以剪刀剪至距另一端
約2cm處。

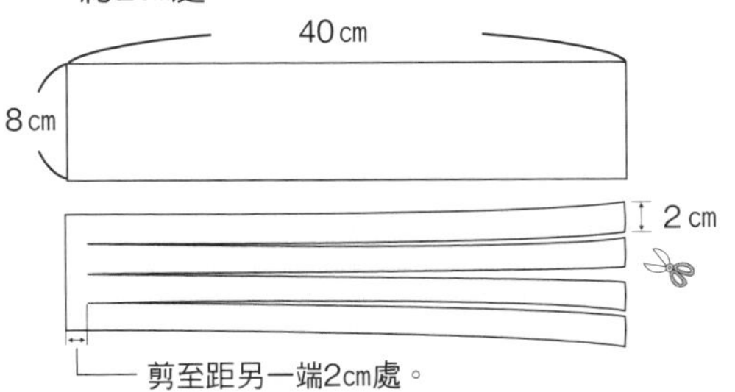

2 從另一端沿著❶裁剪的
四等分布條正中間
各自剪開。

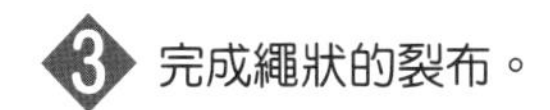
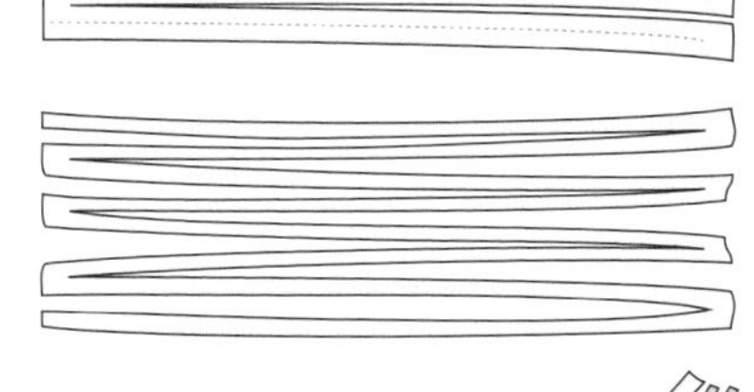

3 完成繩狀的裂布。

4 參見P.36的馬卡龍髮圈製作毛球。
使用兩種毛線＆❸裂布一起纏繞瓦楞紙片，
其餘步驟同P.36的❹至❻。

5 將毛球上打結的布繩剪短，
將最後纏繞的毛線附近壓扁，
以便黏貼胸針的針托。

〈緞帶款〉

1 在緞帶上下側塗膠，黏上蕾絲。

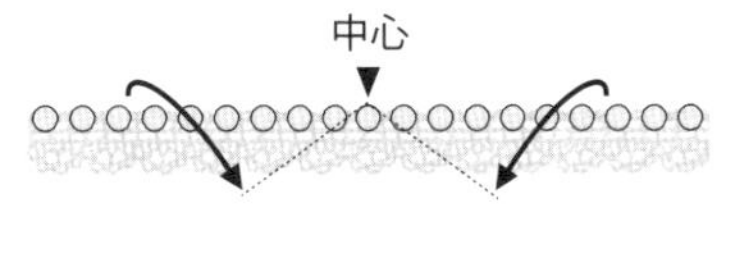

2 在緞帶的左右側塗膠，
內摺成約一半長。

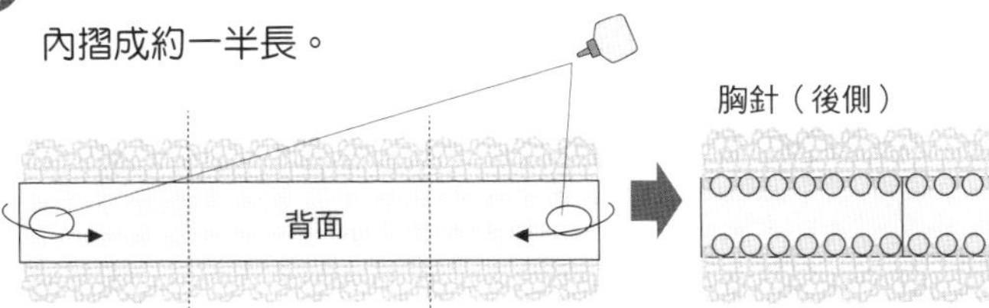

3 兩側的蕾絲斜斜地往中心摺疊。

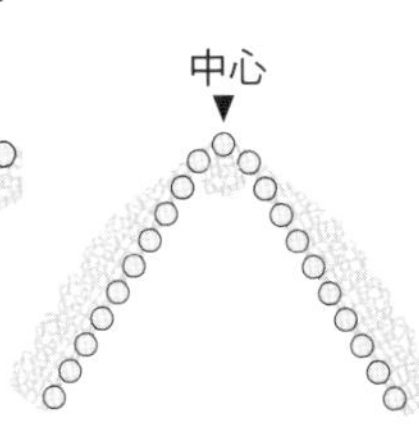

4 蕾絲塗膠，
黏至❷的胸針上。
再重疊貼上
黏好胸針針托的
花形不織布。

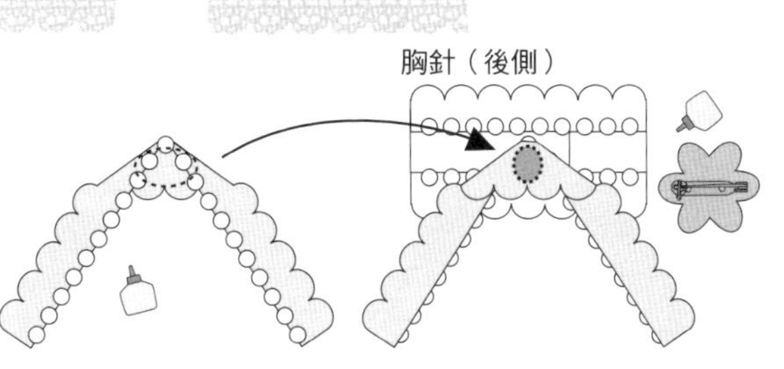

5 以黏膠將❺
的毛球
黏至胸針的
表側，完成！

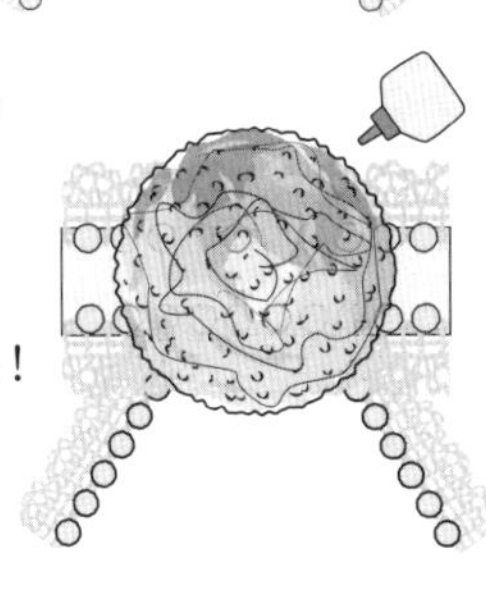

〈提洛爾花紋織帶款〉

1 將蕾絲＆提洛爾花紋織帶
貼在不織布花片上。

2 將不織布翻至背面，
黏上胸針的針托。

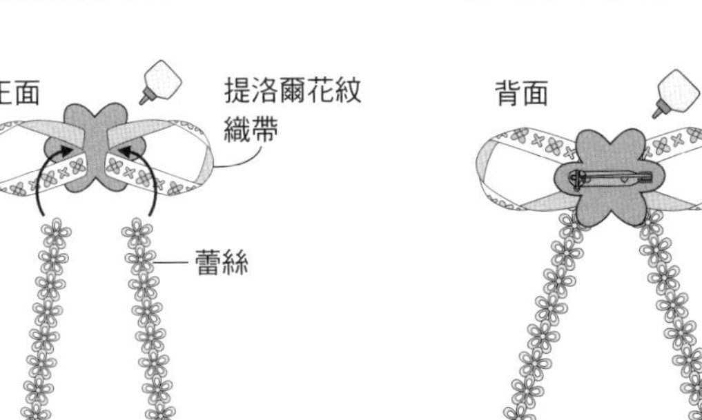

3 將不織布翻回正面，黏上❺加入裂布的毛球，
完成！

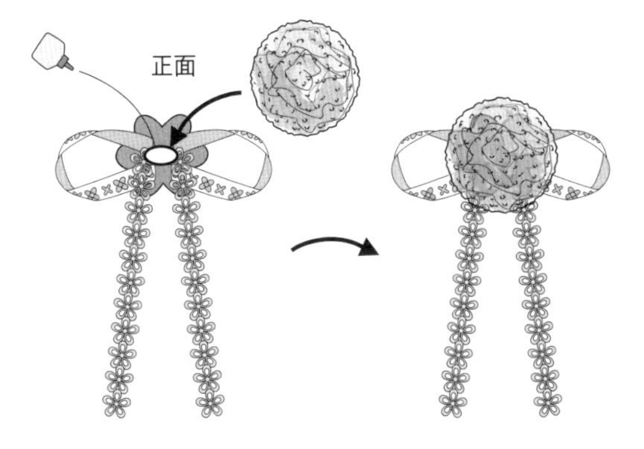

04

神奇的釣寶遊戲

浮沉子吊車

完成尺寸

高／21cm

工具

寶特瓶、毛巾

材料

寶特瓶（500mℓ）	1支
便當用小醬料瓶	1個
包覆膠皮的鐵絲（10cm）	1根
螺帽（M8尺寸）	1個
鏈環或迴紋針	6個

❶ 製作浮沉子。
將鐵絲纏在小醬料瓶瓶口，另一端摺成L型。

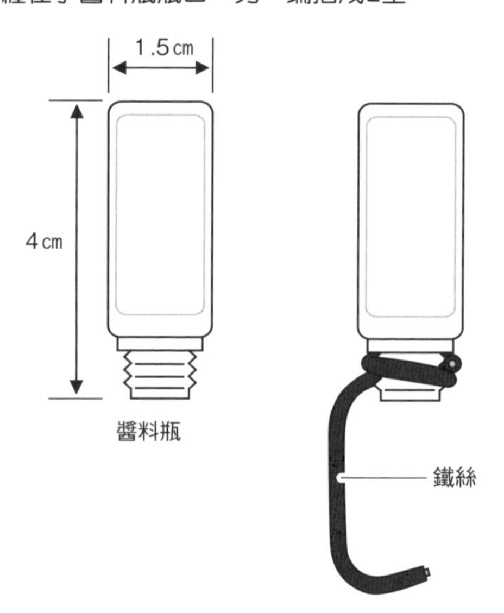

❷ 以熱熔膠固定螺帽，使醬料瓶和螺帽之間沒有縫隙。

❸ 為防止鐵絲生鏽，未包覆膠皮的部分也以熱熔膠封住。浮沉子完成。

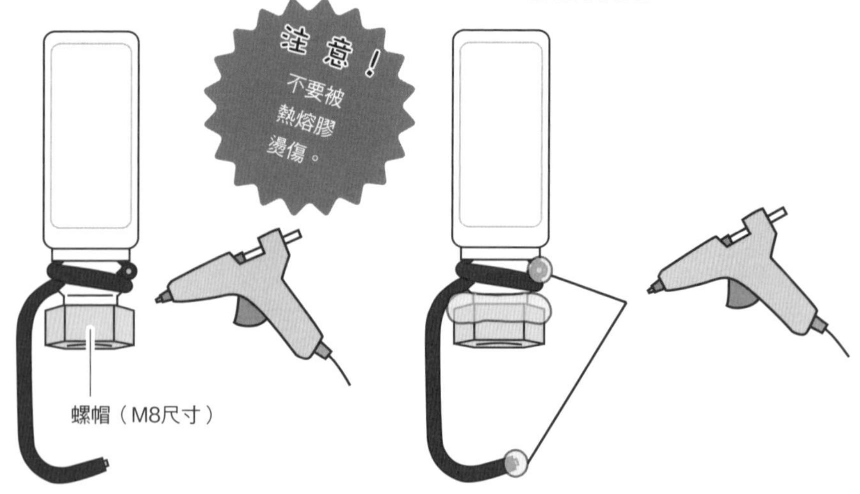

❹ 將鏈環（或迴紋針）兩兩相連，共製作三組。

5 將鏈環放入寶特瓶中，
再注滿水。

6 使❸浮在裝水的杯中，
如滴管般吸入少許的水。
藉由調節吸入的水量，
使醬料瓶浮在
底部露出水面一點點的位置。

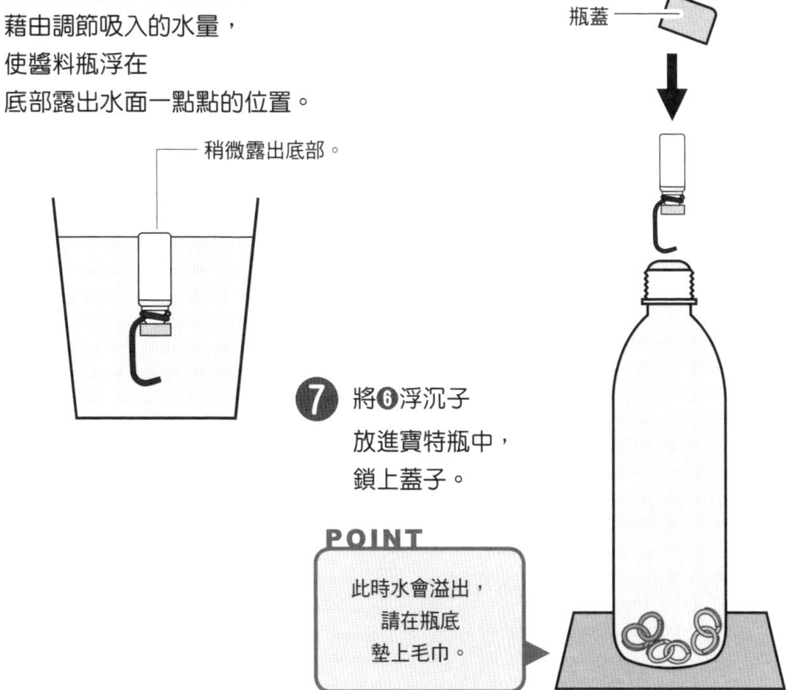

7 將❻浮沉子
放進寶特瓶中，
鎖上蓋子。

POINT

此時水會溢出，
請在瓶底
墊上毛巾。

怎麼玩

擠壓寶特瓶……

浮沉子因進水變重，就會往下沉。

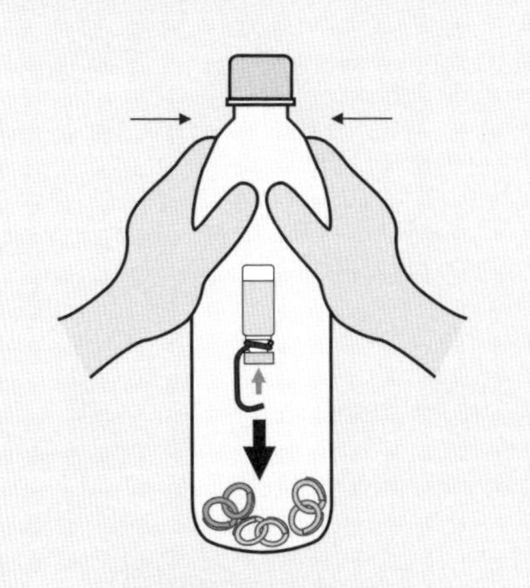

若浮沉子無法順利下沉

可能是浮沉子原本的水量不夠，
請回到步驟❻重新調節，
多裝一點水。

手一放開寶特瓶……

浮沉子的水跑出來，就會變輕而往上浮。

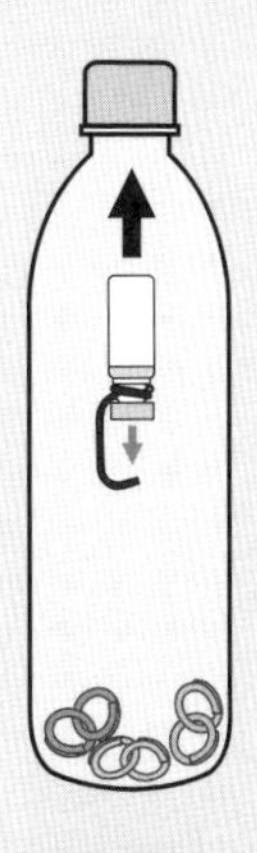

若浮沉子無法向上浮

可能是浮沉子原本的水放太多了，
請回到步驟❻重新調節，
少裝一點水。

P.5

05

貼上就OK！

氣球燈罩

完成尺寸

長／17cm・寬／17cm
高／27cm

工具

剪刀、透明膠帶、刷子、洗衣夾、墊板

材料

障子紙（54cm×180cm）……1張
糨糊……適量
水……適量
氣球……1個
瓦楞紙或圖畫紙（7cm×30cm）……1片
裝飾用貼紙……適量
LED燈或煤油燈……1個

❶ 以剪刀將障子紙
剪成許多10cm×3cm的紙片。
多餘或零碎的紙則保留備用。

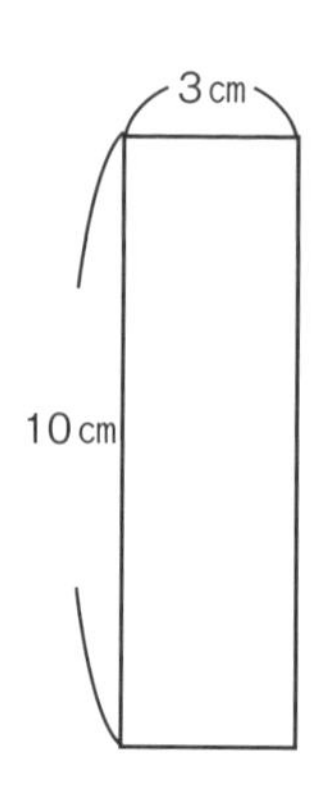

❷ 將糨糊＆水以1：1
的比例混合，
確實攪拌均勻。

❸ 將氣球吹氣鼓起後打結，
再以洗衣夾夾住氣球口，
掛在繩上。

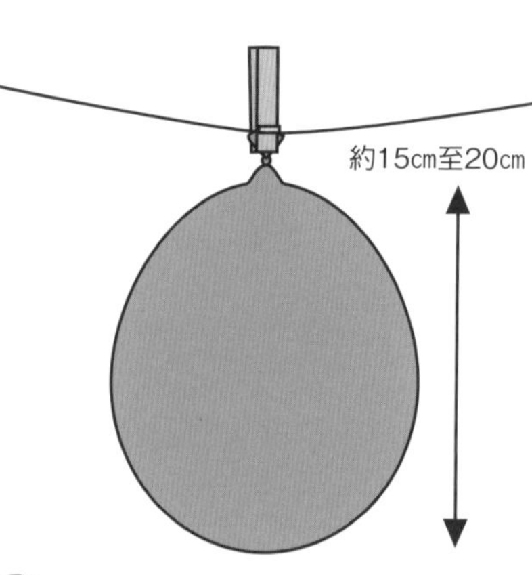

❹ 將小紙片鋪放在墊板上，
以刷子刷上❷製作的糨糊。

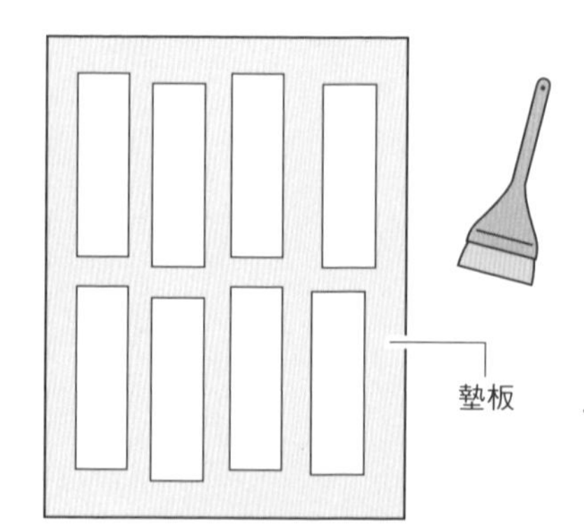

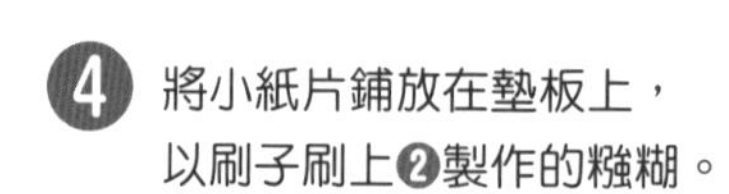

POINT

建議先將墊板刷上
糨糊再放上紙，
會更方便作業。

❺ 從上往下，
將沾上糨糊的紙貼到氣球上。
使紙片與紙片重疊約5mm至1cm，
此時有空隙是OK的。

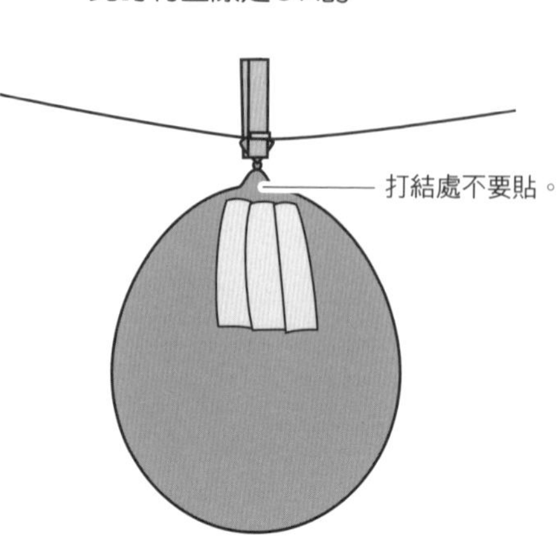

6 在黏貼途中將氣球刷上糨糊，縱向＆橫向交錯地貼上紙片，將空隙填滿。

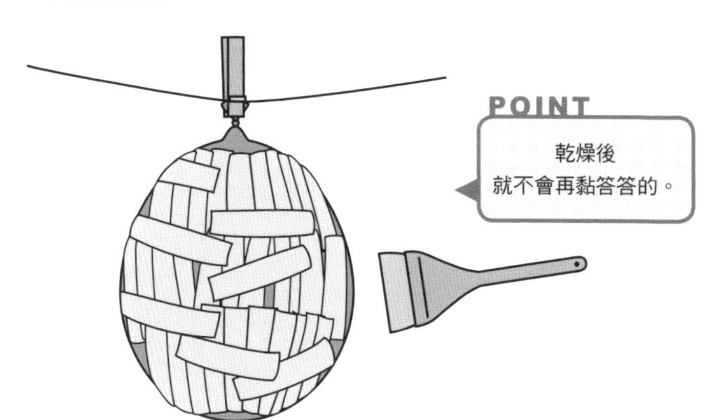

7 大概貼上三層，將氣球表面全部填滿不留空縫。放置一天等待乾燥。

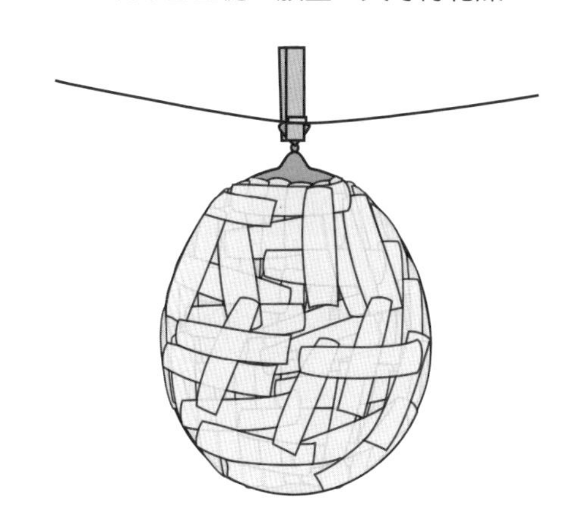

8 剪破＆取出氣球，再將當成燈罩下側的部分以剪刀修剪成圓形。

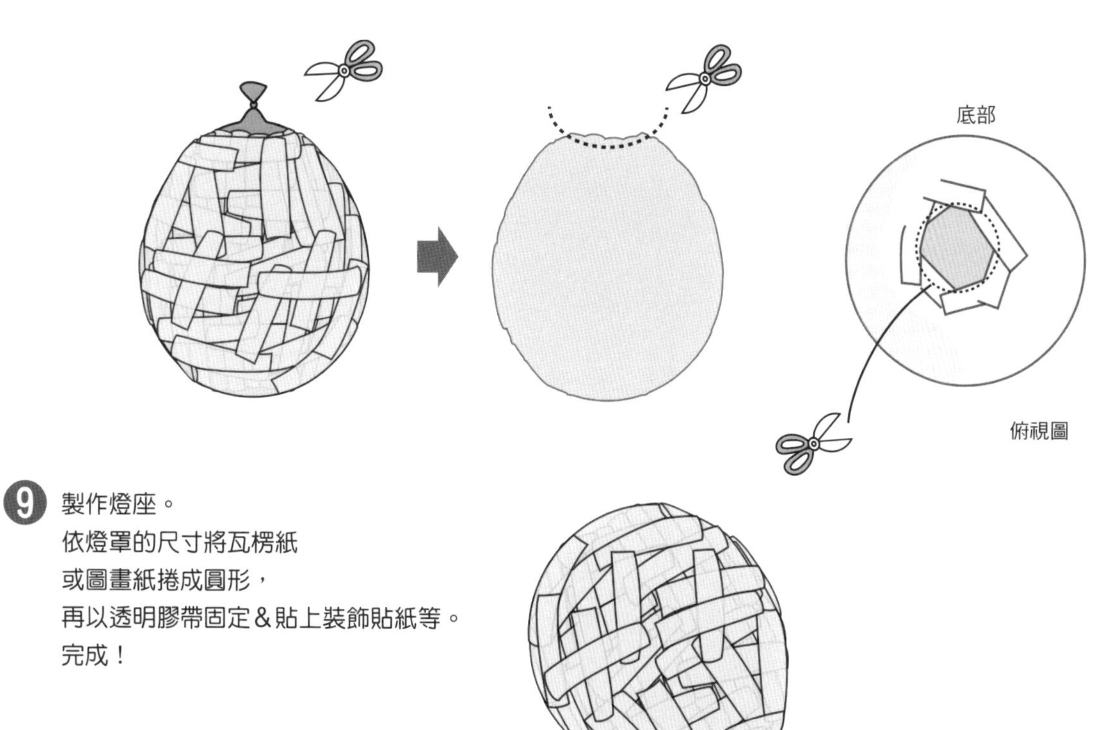

9 製作燈座。
依燈罩的尺寸將瓦楞紙
或圖畫紙捲成圓形，
再以透明膠帶固定＆貼上裝飾貼紙等。
完成！

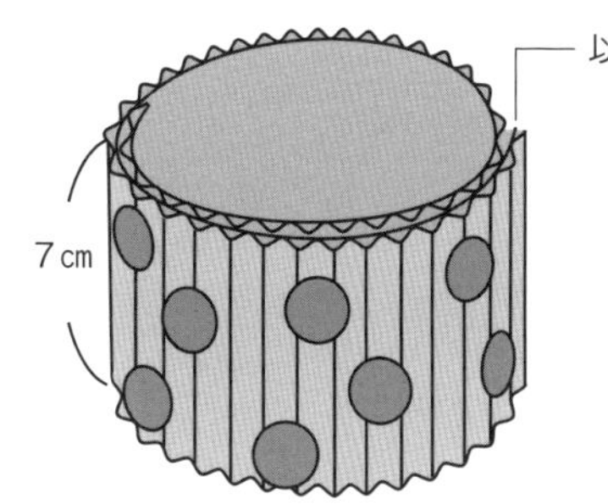

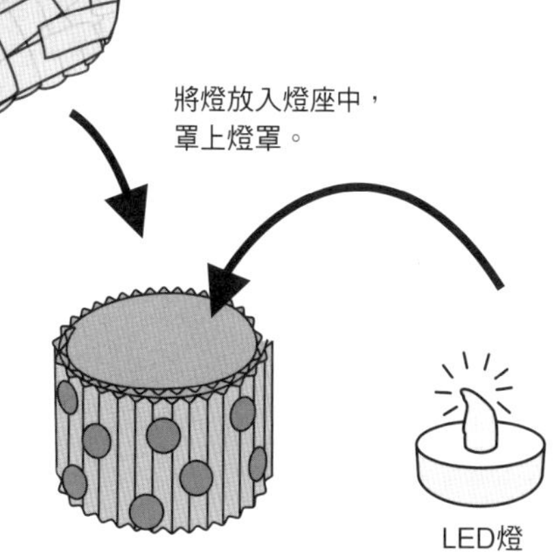

P.6

06至08
點燃歡樂氣氛♪

生日★派對用品

完成尺寸

06 普普風☆吊旗

……長／180cm

07 流蘇餐墊

……長／25cm、寬／35cm

08 華麗的皇冠＆迷你吊旗

〈皇冠〉……高／23cm
〈迷你吊旗〉……長／50cm

工具

剪刀、美工刀、手工藝膠、雙面膠、紙膠帶、尺、筆記用具、裁縫工具、熨斗

材料

06 普普風☆吊旗

紙（A4）……1張
布（30cm×45cm）……6片
斜紋布條（180cm）……1條

07 流蘇餐墊

叉子……1支
碎布條（25cm）……4條
繡線（8m）……7束
布（30cm×40cm）……2片
Faco（布用顏料）……5色※參見P.44
蔬菜（蓮藕、常春藤）……適量

08 華麗的皇冠＆迷你吊旗

〈閃亮毛根款〉
髮箍（細）……1個
紙杯（250mℓ）……1個
毛根……15cm
髮飾用貼紙……適量
〈蓬鬆羽毛款〉
髮箍（細）……1個
紙杯（250mℓ）……1個
羽毛……4至5根
裝飾毛球……8個
〈迷你吊旗〉
紙杯碎片……16片
繩子（50cm）……1條

【06 普普風☆吊旗】

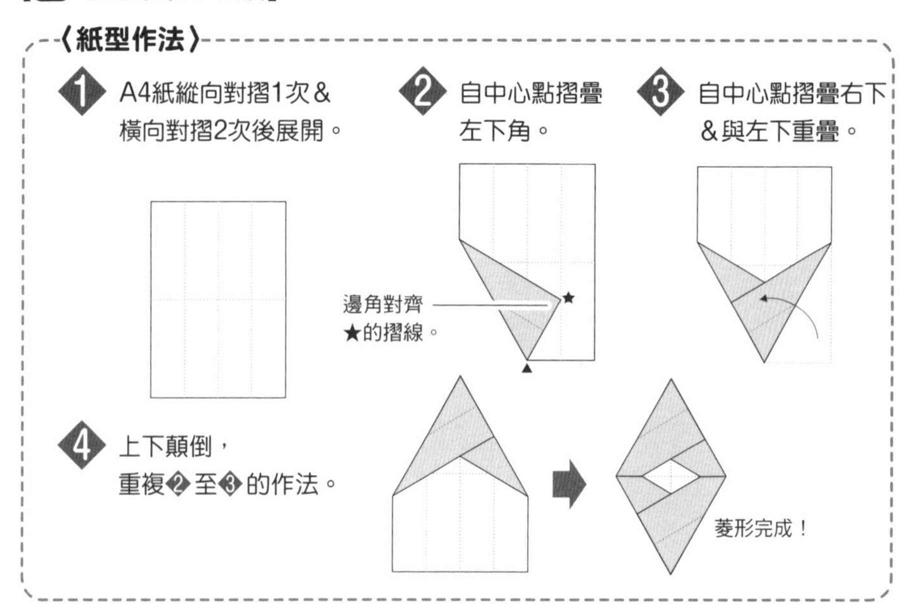

1 以紙膠帶將〈紙型作法〉4黏在布上，以剪刀裁布。視顏色的平衡排列裁好的布片。

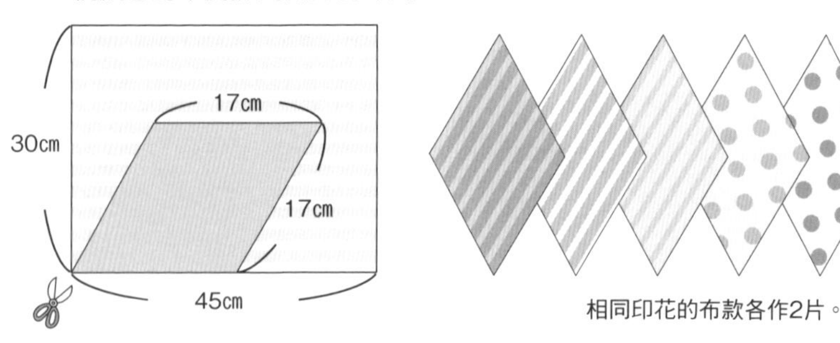

相同印花的布款各作2片。

2 對摺成正三角形後以黏膠固定，再以熨斗將皺褶燙平。

POINT 在底下墊一張不要的紙，可防止布片滑動。

3 在布片的一邊上膠，黏在斜紋布條上，再以布條包夾，完成！

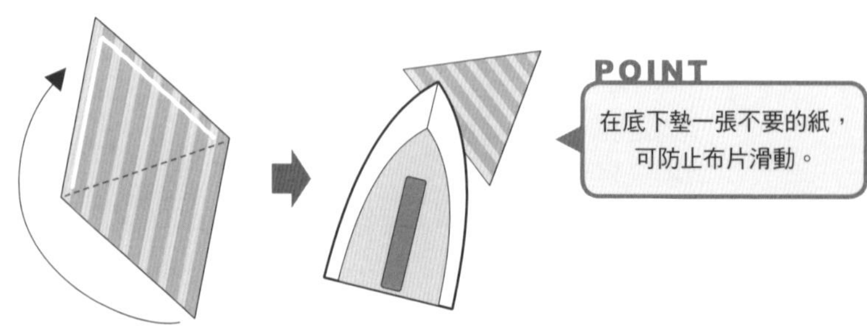

【07 流蘇餐墊】

〈流蘇作法〉

1. 將長繡線（★）疊放在叉子下面，
上方放一根短繡線（■）。

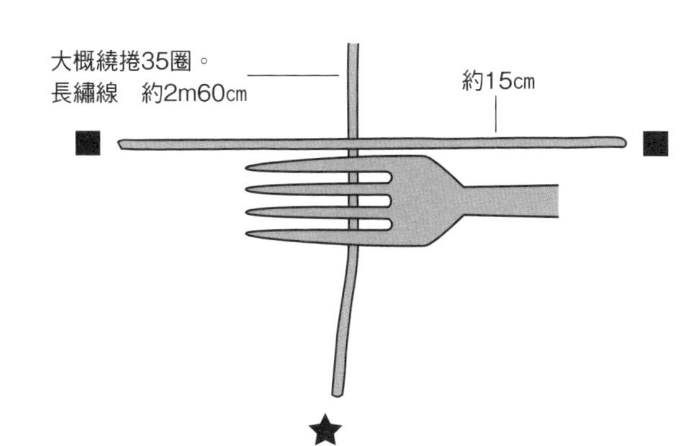

2. ★線繞著■線轉圈。
大概繞35圈後，將★線拉至下方剪斷。

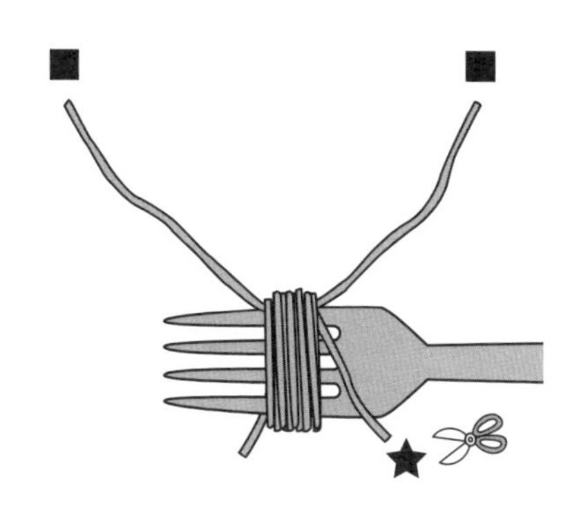

3. 將■線打結。
由於之後還要打死結，
這裡輕輕打個結即可。

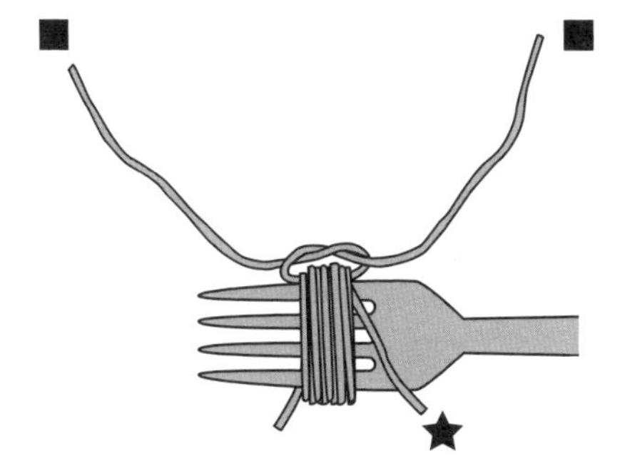

4. 在★線的上方
放一條約20cm長的線，
打個圈環後以手指按住，
將右側的線依箭頭方向
穿入叉子的第一個叉口繞2圈。

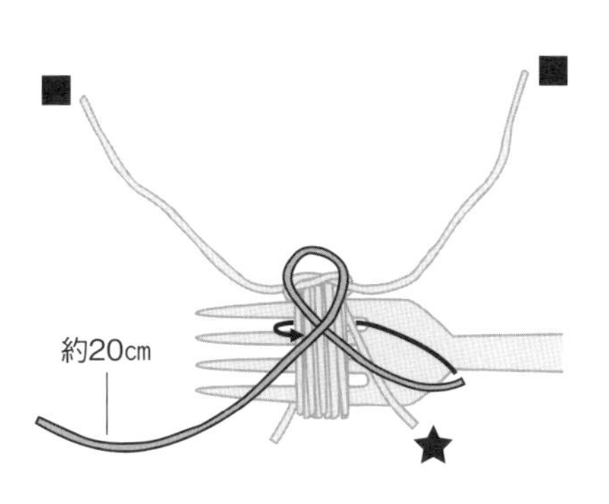

5. 繞第3圈時，
將線從手指按住的
圈環下方穿入，
再依箭頭向上下拉緊。

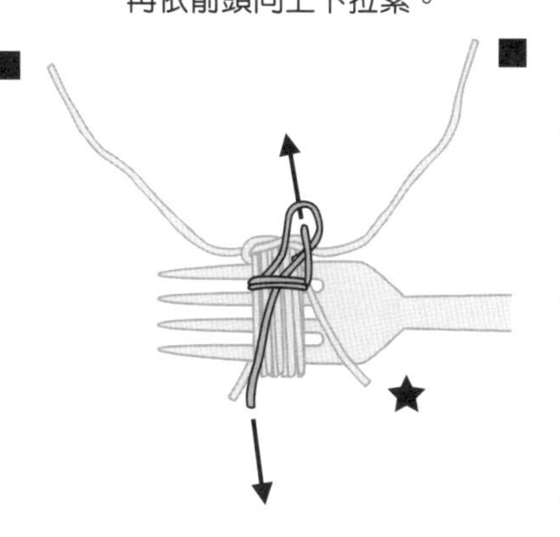

6. 將拉至上方的線剪短，抽出叉子，
再剪開下側的線圈後修齊＆將■線打死結，完成！

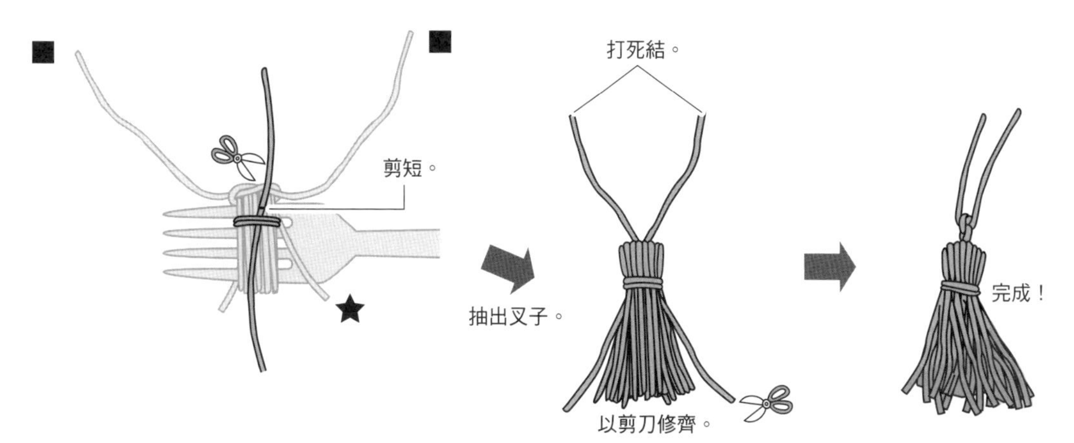

接續P.44→

→承接P.43

❶ 製作20個P.43❻的流蘇，將每10個流蘇排在細長的碎布條上。確定位置後，在布條上黏貼雙面膠，將流蘇黏牢固定。

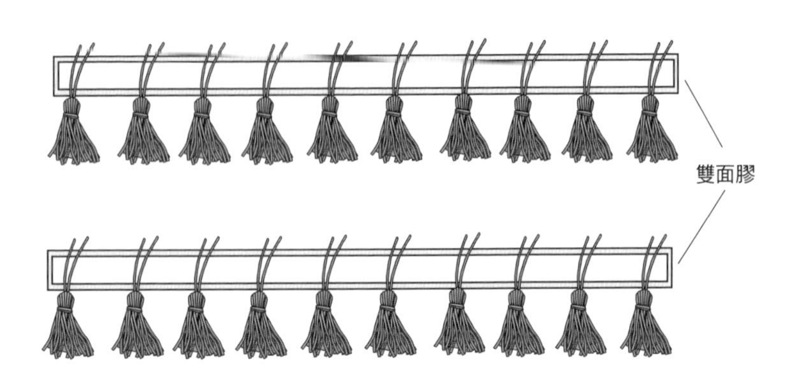

❷ 以熨斗將餐墊用布燙摺出完成尺寸（車縫位置），作為記號。

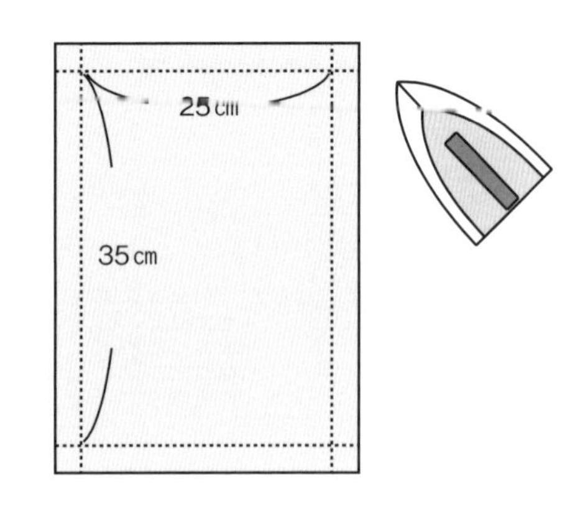

❸ 將黏上流蘇的布條沿著布片正面的摺線貼上。如圖所示，黏貼於兩邊。

❹ 疊上另一塊餐墊用布，自背面進行車縫。

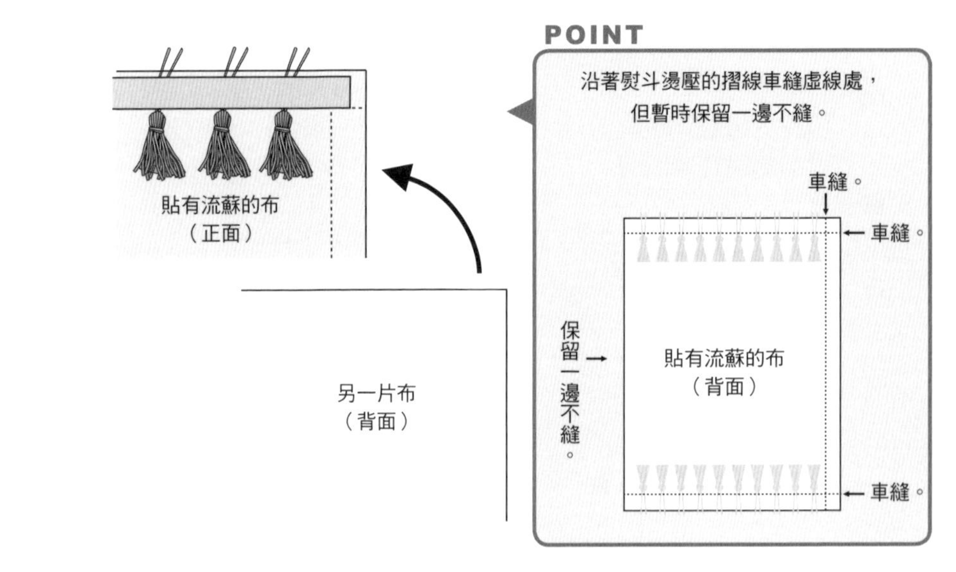

❺ 縫好三邊後，將袋狀的布翻至正面，此時流蘇變成垂在外側。再將未車縫的一邊沿虛線內摺後縫合。

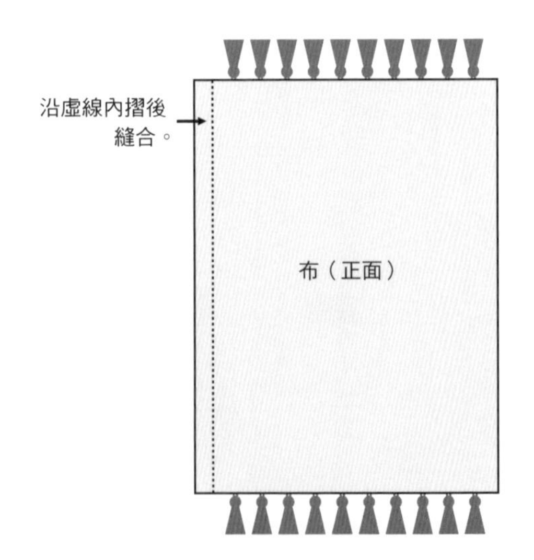

❻ 將蓮藕或常春藤葉片塗上布用顏料，隨意地在布上印壓圖案。

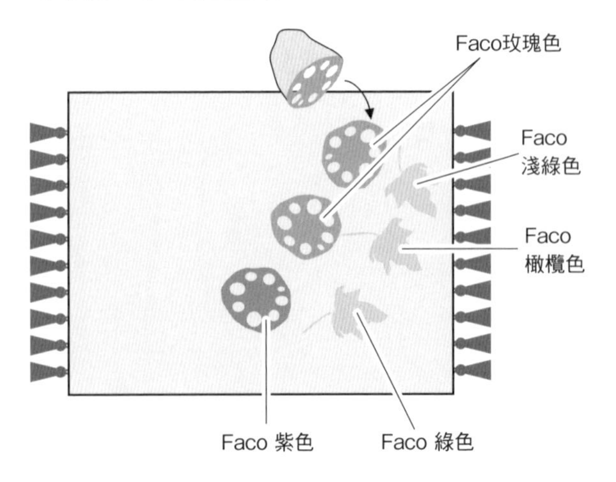

【08 華麗的皇冠＆迷你吊旗】

〈閃亮毛根款〉〈蓬鬆羽毛款〉通用

以尺將杯緣分成八等分，
作上記號。

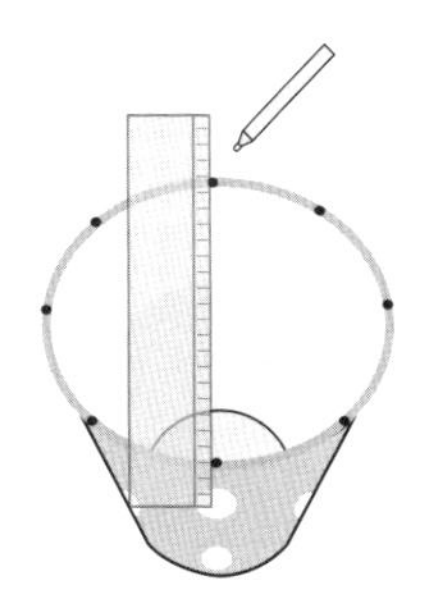

從記號處沿虛線剪下。

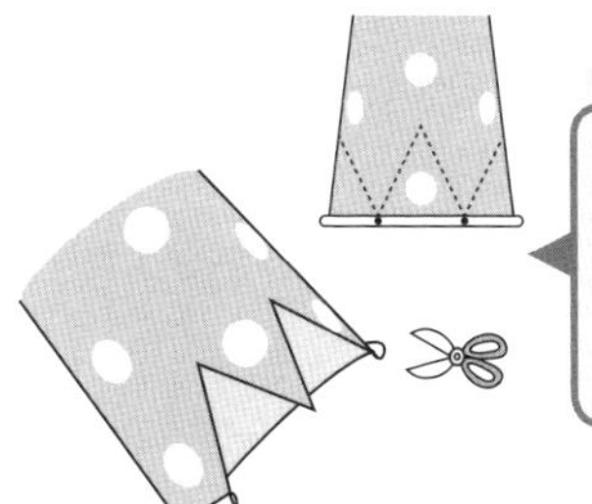

POINT
剪下的
三角碎片
要用來製作
吊旗。

在紙杯底部開兩個洞，
用來穿入髮箍。

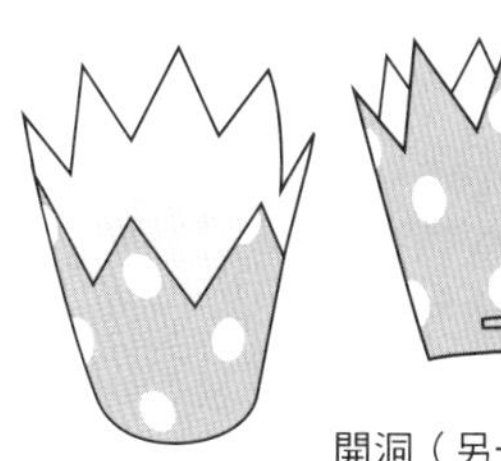

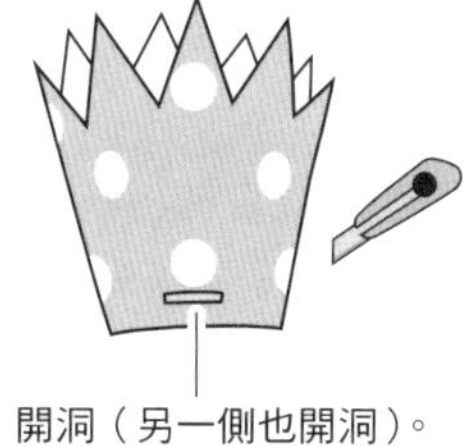
開洞（另一側也開洞）。

〈閃亮毛根款〉

❶ 將毛根預留比杯底長3cm後剪下，接合兩端變成圓形。並依喜好在❸的紙杯上裝飾貼紙。

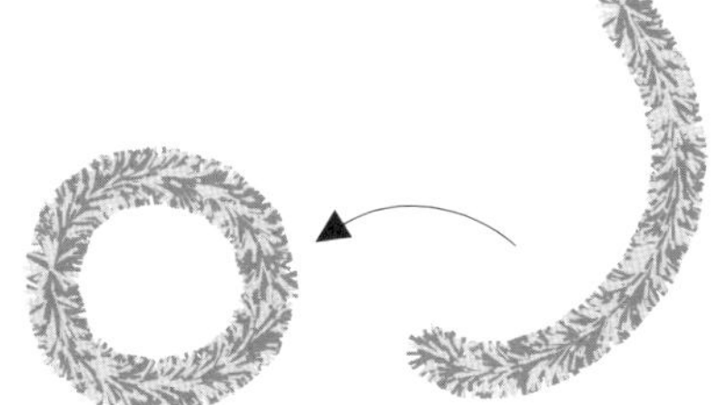

❷ 將毛根捲繞杯底，
髮箍穿過兩個洞，
完成！

〈蓬鬆羽毛款〉

❶ 將❸的杯底貼上
一圈雙面膠。

❷ 髮箍穿過兩個洞後黏上羽毛，
將髮箍遮起來。

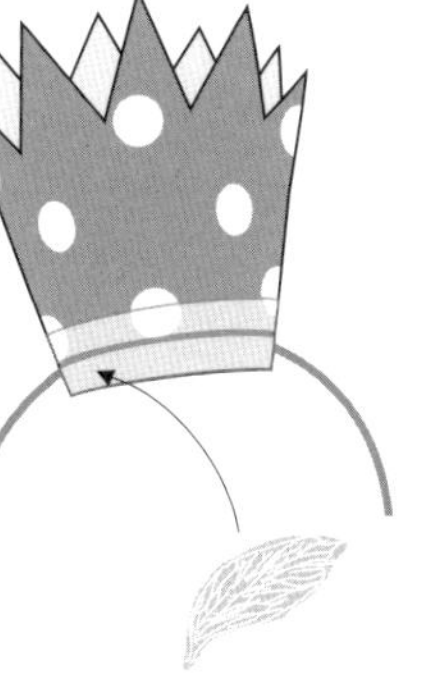

❸ 將大顆毛球黏在皇冠的正面。
毛球上膠後以黏膠的頭
按壓＆插在紙杯的尖端，
完成！

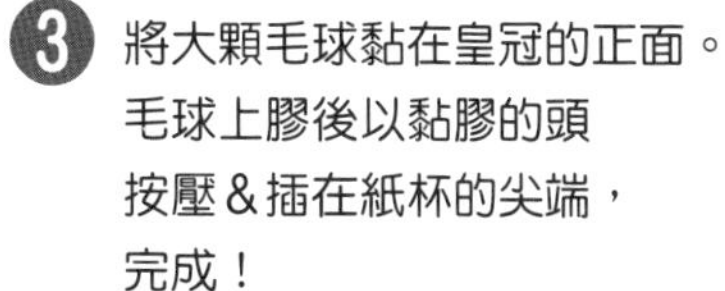

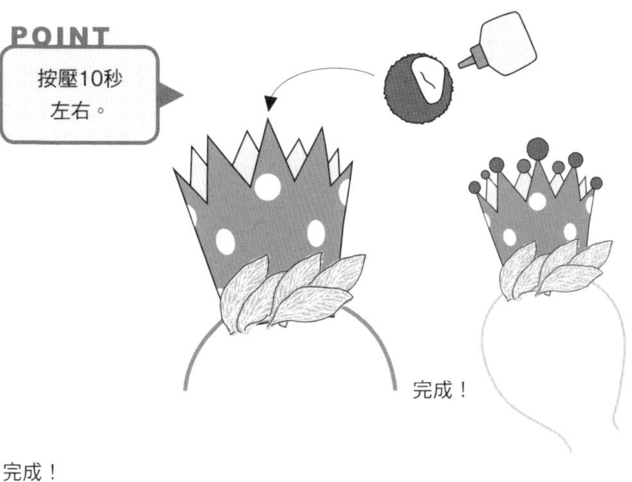

〈迷你吊旗〉

將線穿入三角形紙杯碎片的杯緣，串起來就完成了！

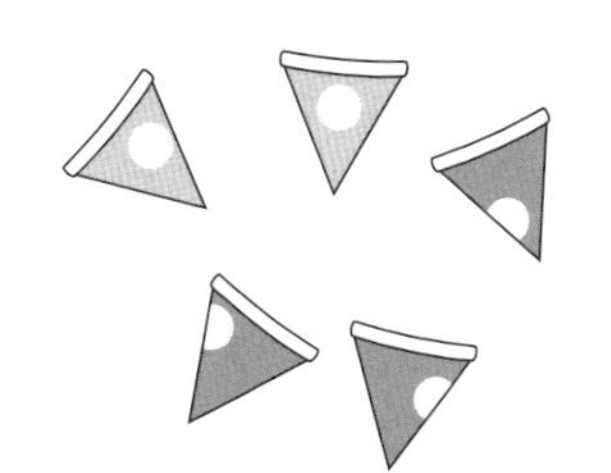

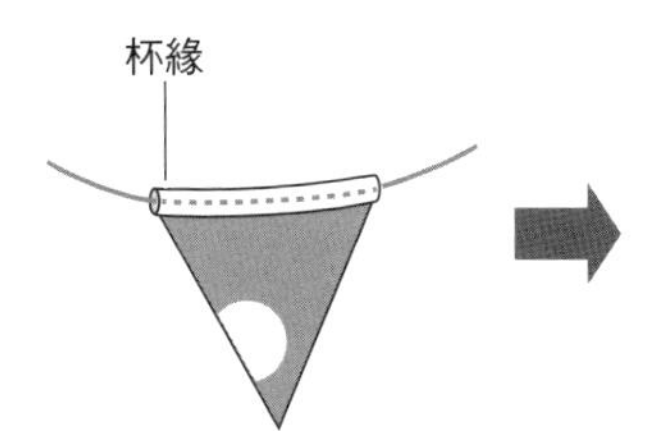

完成！

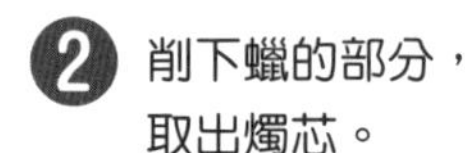

跟真的一模一樣！？

仿真蔬菜蠟燭

完成尺寸

09 小朵綠花椰菜

…………寬／5.5cm・高／6.5cm

10 切段玉米

…………寬／5cm・高／4cm

工具

剪刀、美工刀、透明膠帶、菜刀、叉子、湯匙、鍋子

材料

09 小朵綠花椰菜

寶特瓶（1.5ℓ）	1支
鋁罐	1個
蠟燭（白色細長型）	100g
免洗筷（未扳開）	1雙
竹籤	1支
寒天粉	4g
水	250mℓ
綠花椰菜	1小朵
蠟筆（綠）	1支

10 切段玉米

寶特瓶（1.5ℓ）	1支
鋁罐	1個
蠟燭（白色細長型）	100g
免洗筷（未扳開）	1雙
竹籤	1支
寒天粉	4g
水	250mℓ
切成輪狀的玉米	4cm
蠟筆（黃）	1支

1 以美工刀在寶特瓶自底部向上10cm處切開，鋁罐則是自底部向上5cm至6cm處切開。

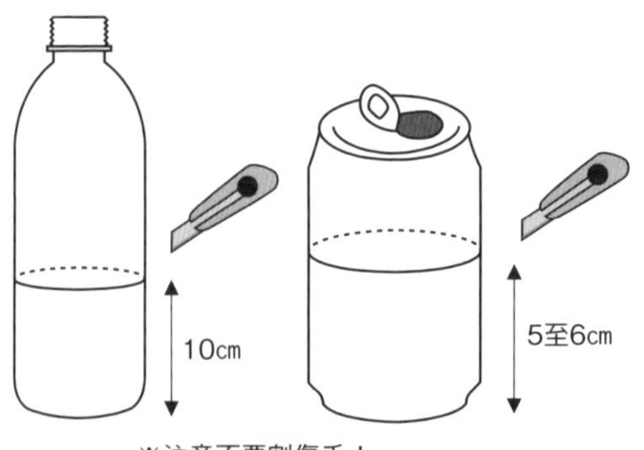

※注意不要割傷手！

2 削下蠟的部分，取出燭芯。

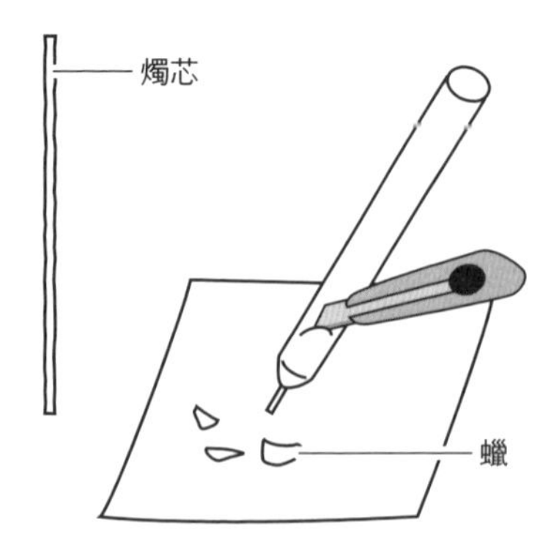

※注意不要割傷手！

3 將花椰菜的莖＆玉米的梗各插上一支竹籤，深約1cm。

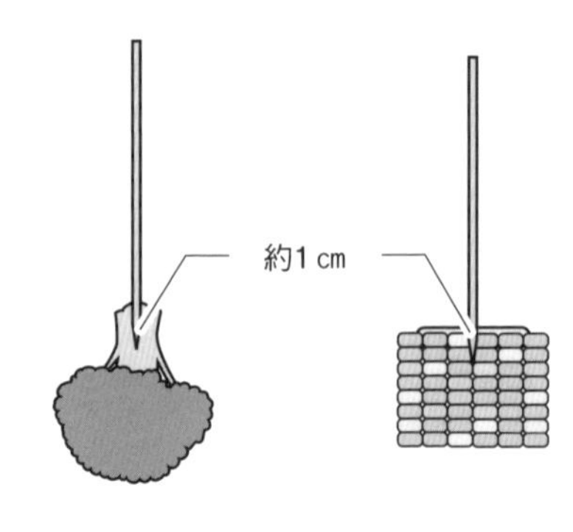

4 將花椰菜連同竹籤夾進免洗筷的兩根筷子之間，花椰菜騰空掛在❶的寶特瓶上。竹籤若太長可剪至適當長度。

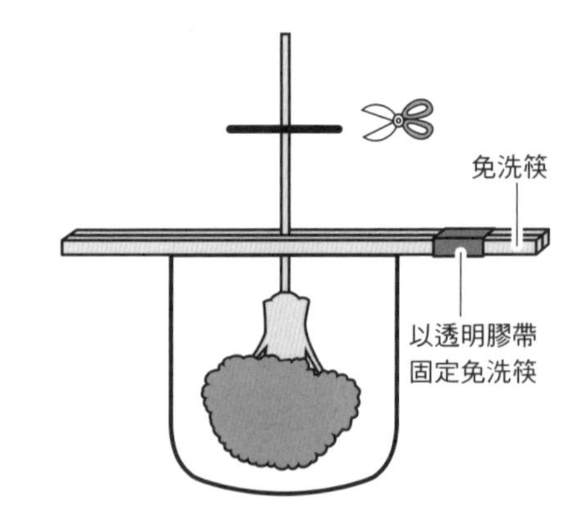

5 鍋中倒入寒天粉＆水，一邊攪拌一邊加熱2分鐘至溶化。

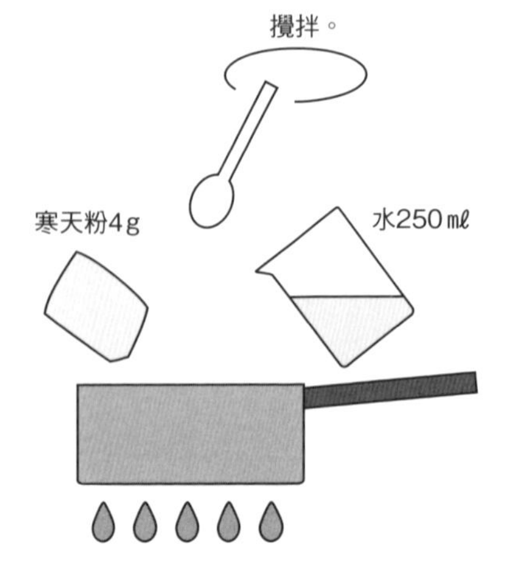

6 寒天降溫後倒入❸的寶特瓶中，約淹過花椰菜。靜置2小時左右，直到寒天凝固變白。

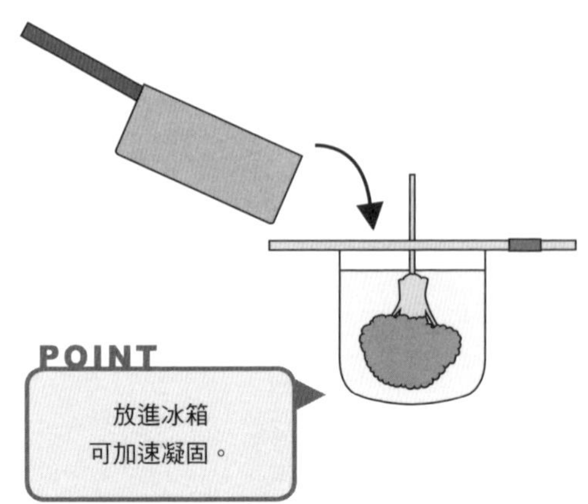

POINT

放進冰箱
可加速凝固。

❼ 寒天凝固後自瓶中取出。
以叉子沿瓶子邊緣劃開，
寒天就會快速滑出。

❽ 將取出的寒天連同花椰菜以菜刀對切
（玉米不易變形，直接將寒天對切即可）。

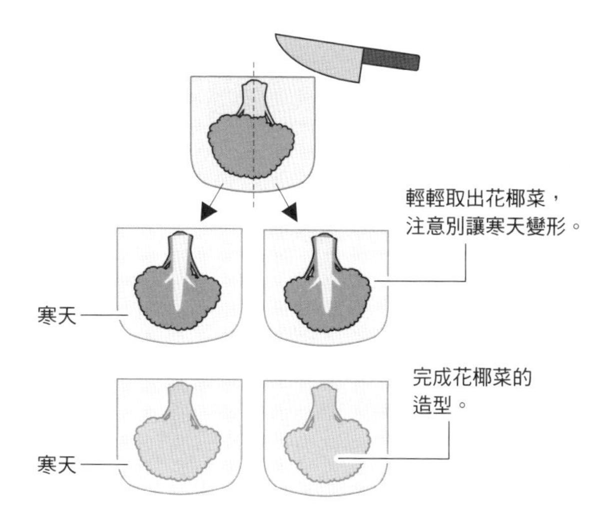

❾ 在寒天的上端挖洞，以便將蠟灌進去，
並在單邊放入燭芯。

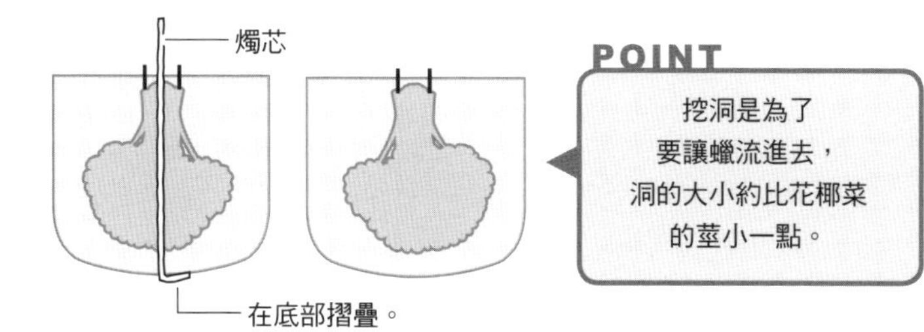

POINT
挖洞是為了
要讓蠟流進去，
洞的大小約比花椰菜
的莖小一點。

❿ 將一分為二的
❾合併，
放回寶特瓶內。

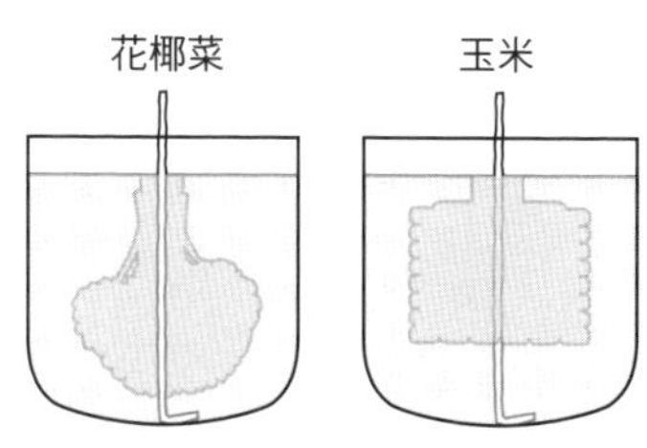

⓫ 將❷削下的蠟倒入鋁罐中，隔水加熱。
等蠟確實溶化後，
分次加入以美工刀削下的綠色蠟筆，
以便上色（玉米則加入黃色蠟筆）。

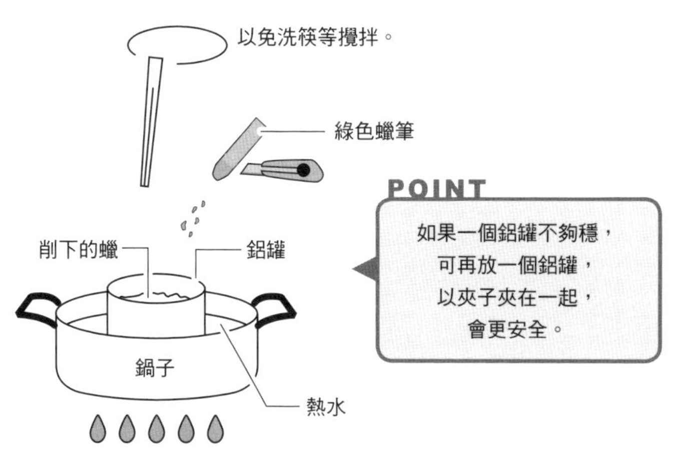

POINT
如果一個鋁罐不夠穩，
可再放一個鋁罐，
以夾子夾在一起，
會更安全。

⓬ 當蠟灌入⓫的寒天後，從下方拍打，讓空氣排出。
如果希望花球＆菜莖不同顏色，
就製作兩種顏色的蠟，先倒入花球部分的蠟，
五分鐘後再倒入菜莖部分的蠟。

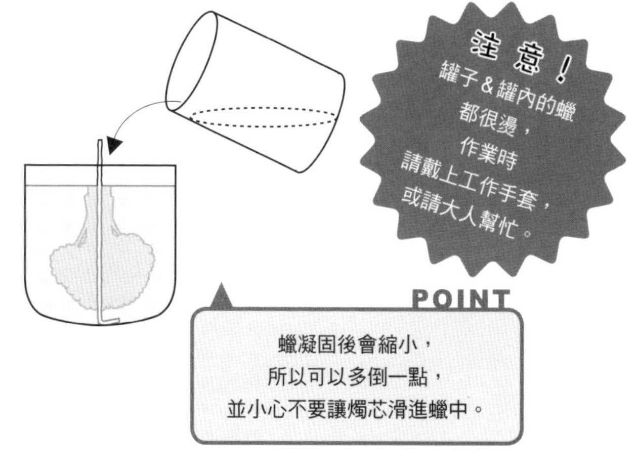

POINT
蠟凝固後會縮小，
所以可以多倒一點，
並小心不要讓燭芯滑進蠟中。

⓭ 放進冰箱約1小時，凝固後取出寒天，
以美工刀削去不必要的部分。完成！

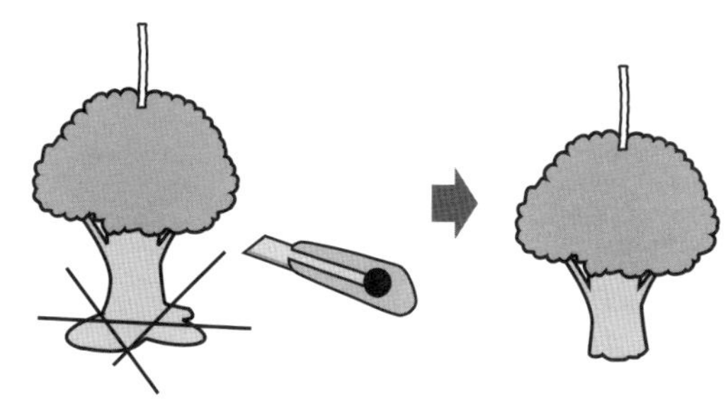

P.9

11

瞬間上色！

神奇卡片

完成尺寸

長／9.9㎝・寬／8㎝

工具

剪刀、美工刀、糨糊、透明膠帶、油性筆、色鉛筆

材料

圖畫紙（8開）……1張
透明塑膠板或透明夾
（長9.9㎝×寬7.4㎝）……1片

❶ 將P.49至P.50的紙型複寫在圖畫紙上，以剪刀沿著輪廓剪下。

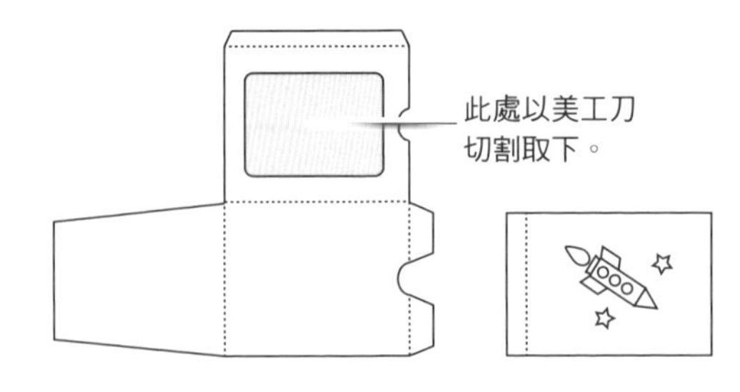

POINT
如果想用自己畫的圖，可畫在P.50的白紙上。

❷ 將塑膠板覆蓋在插圖用紙上，頂端以透明膠帶固定，方便塑膠板掀開。

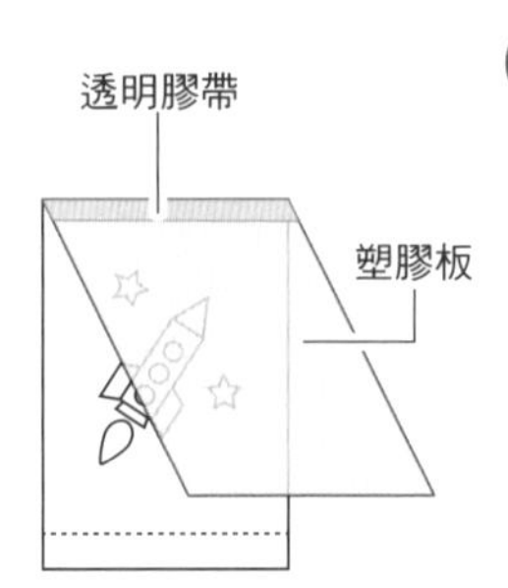

❸ 以油性筆在塑膠板上描圖。

POINT
不著色，只描出輪廓。

❹ 掀開塑膠板，將圖畫紙上的畫著色，再將圖畫紙沿虛線摺至背後。

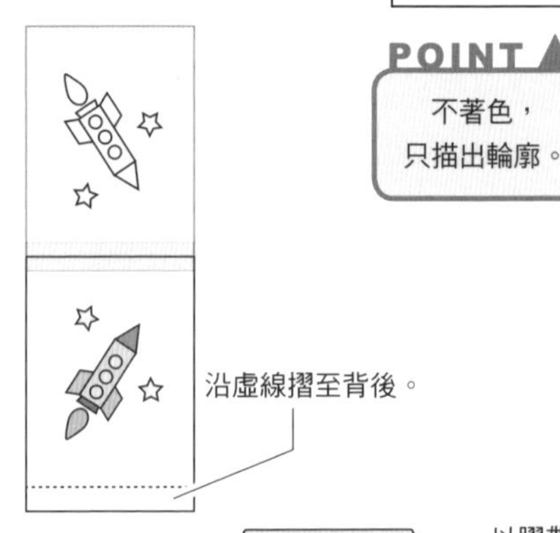

❺ 製作卡片盒。沿虛線將★部分摺至內側，最後摺入開窗的部分，背後則以透明膠固定。

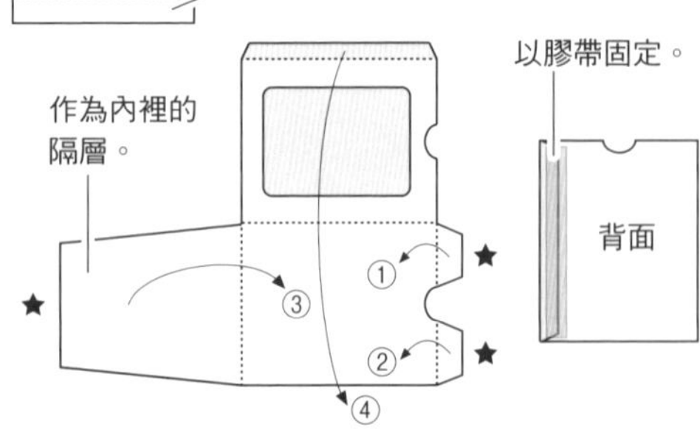

❻ 將❹的卡片放進盒內，著上顏色的圖畫紙則放到隔層的後面，從開窗看不見它。

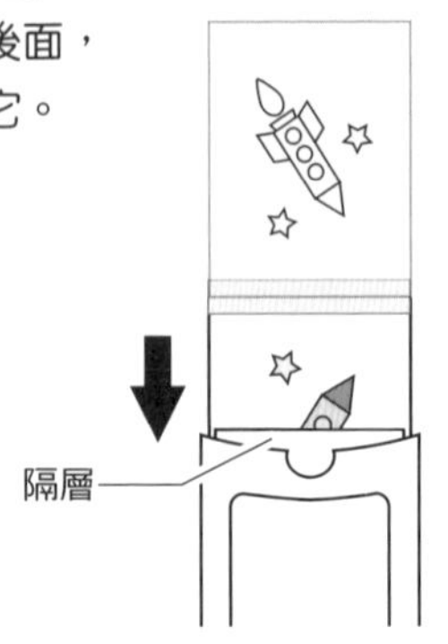

❼ 將塑膠板放到隔層的前面，從開窗看去就只會看見沒有上色的圖。

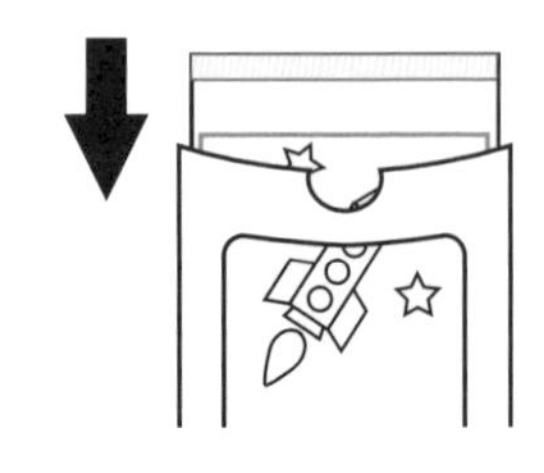

神奇卡片的紙型（卡片盒）

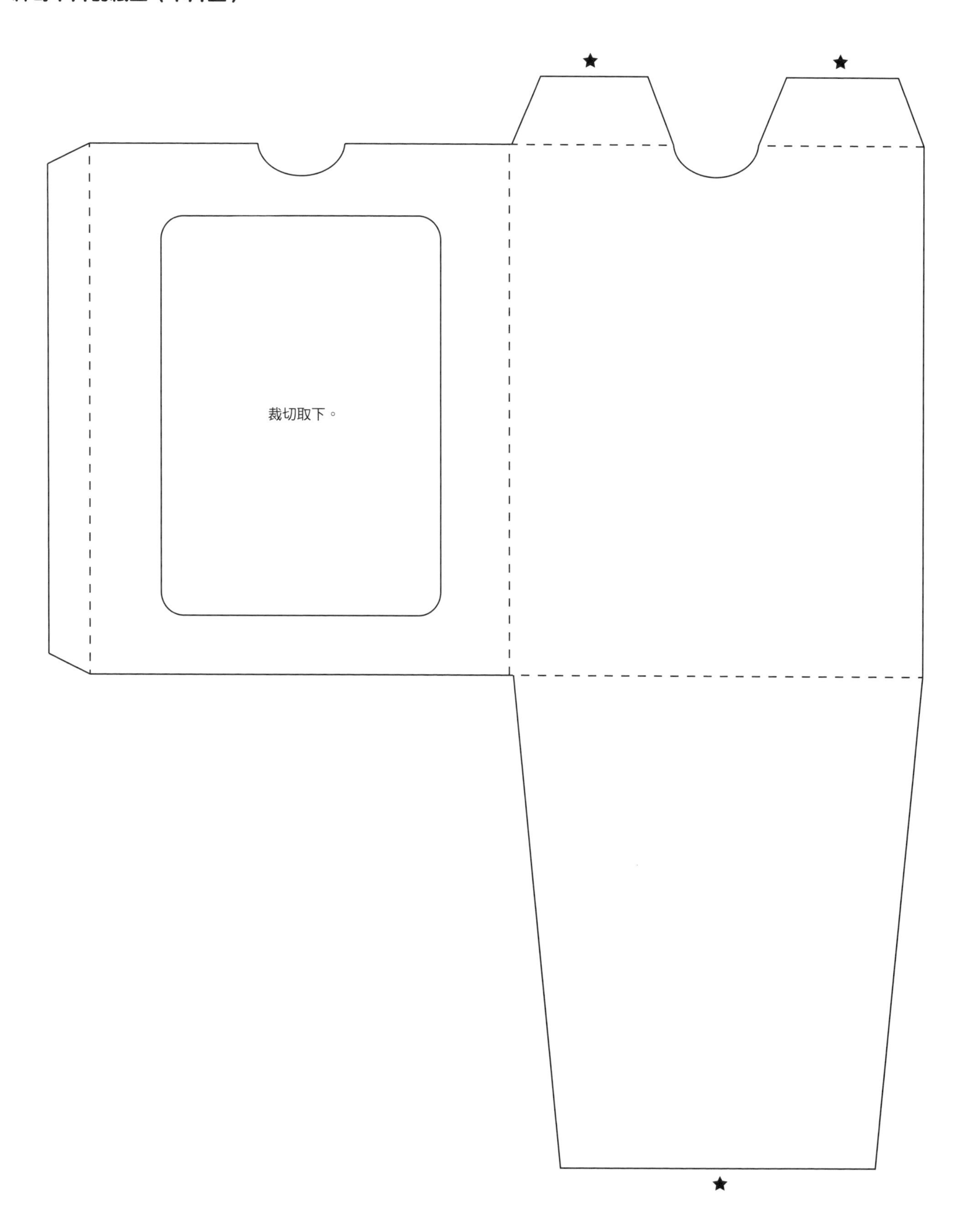

接續P.50→

神奇卡片的紙型（卡片）

依個人喜好自由畫圖創作！

P.10 12

守護寶物！

咬指鱷魚

完成尺寸

長／32cm・寬／7cm
高／10cm

工具

剪刀、美工刀、黏膠、透明膠帶、筆記用具、油性筆、尺、錐子、筆、洗衣夾

材料

- 牛奶盒……2至3個
- 小石頭或彈珠……1個
- 作為寶物的石頭……1個
- 壓克力顏料（白・黑・綠・金）……各1
- 風箏線（35cm）……1條
- 寶特瓶蓋（黑）……1個
- 厚紙板（9cm×6.9cm）……1片

1 將洗淨晾乾的牛奶盒拆開。複印以下的紙型後割開，分別置於牛奶盒上再以鉛筆描圖＆以剪刀剪下。

以A3紙放大至170%影印使用。

接續P.52→

❷ 如圖所示裁剪另一個空盒。

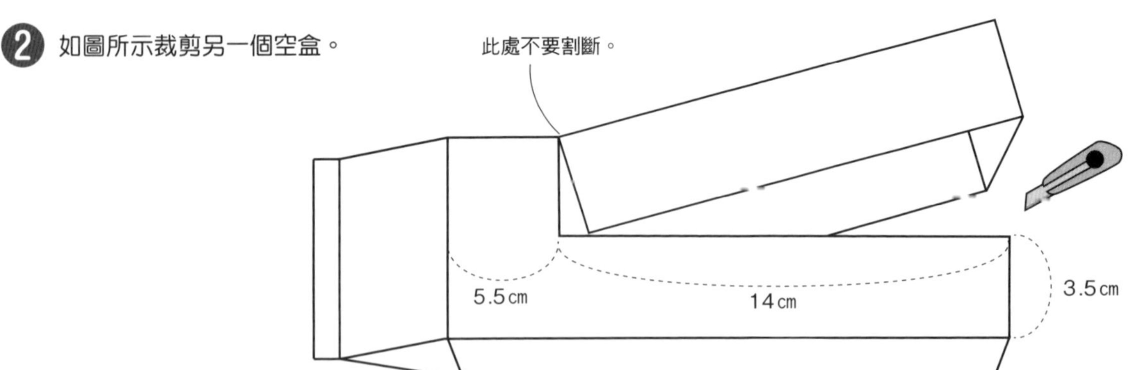

❸ 如圖所示黏上眼周、腳、尾巴、背鰭，
等待乾燥。

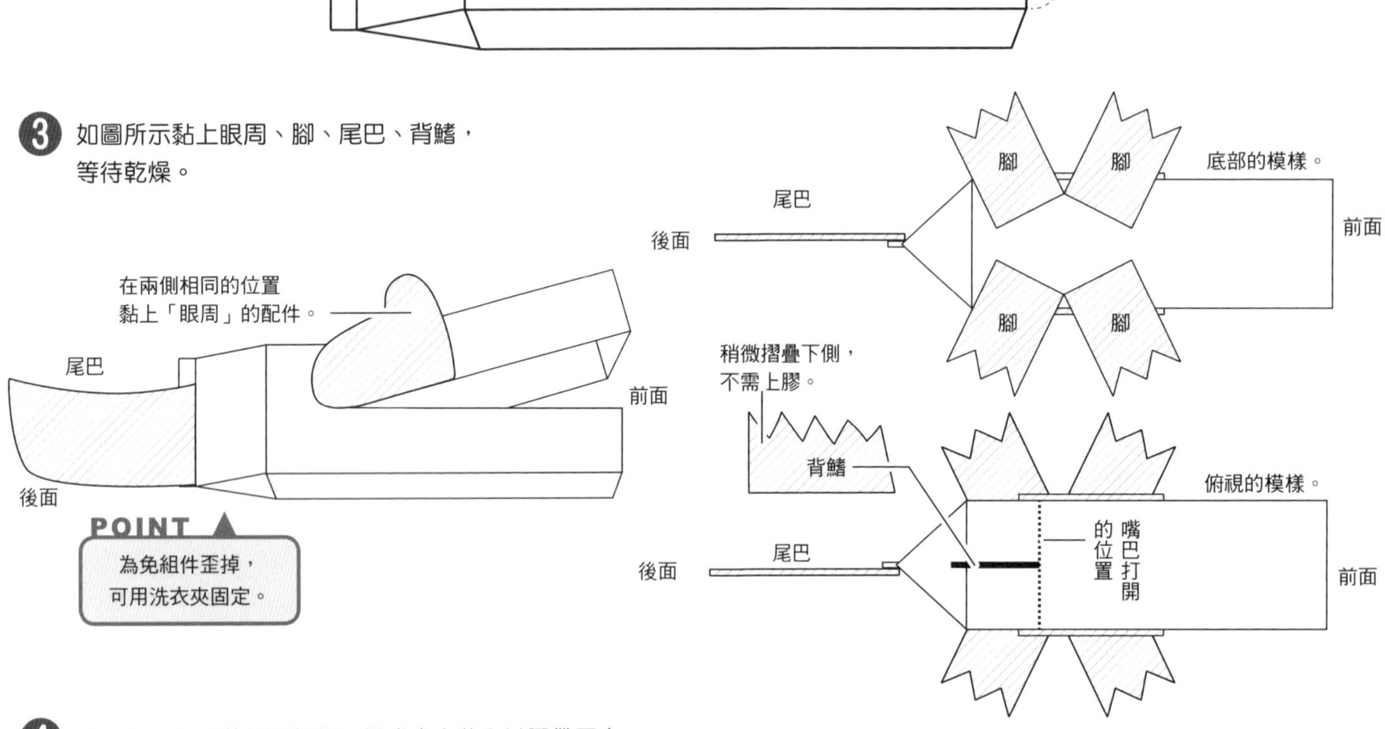

❹ 依照圖示尺寸裁切厚紙板，摺成方盒狀＆以膠帶固定。
裡面放入小石頭或彈珠，再以黏膠黏在鱷魚嘴巴的內側（門牙上方附近）。

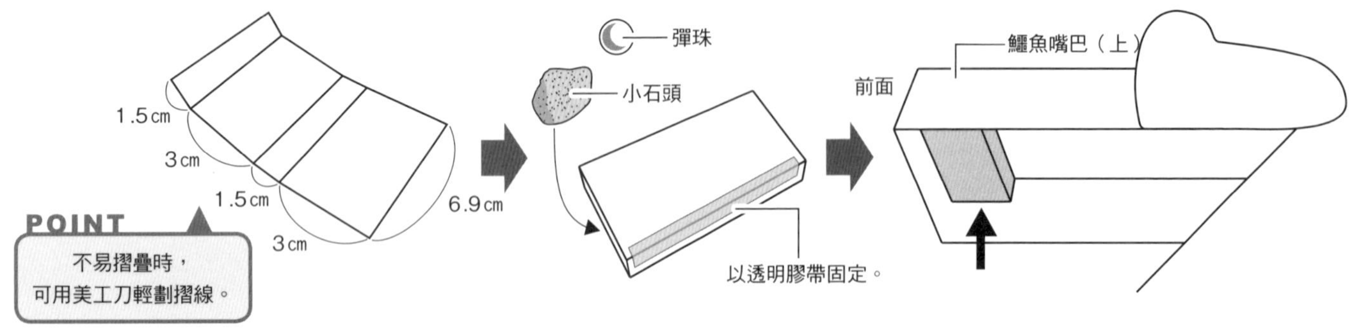

❺ 在鱷魚的外側著色。
依照白色顏料→晾乾→
綠色顏料→晾乾
的順序上色，
就會呈現漂亮的綠色。

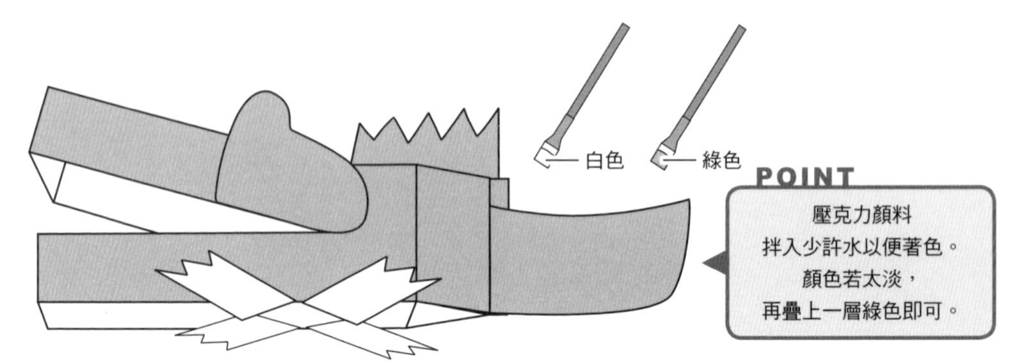

❻ 將當成寶物的石頭也塗上顏色。
依照白色顏料→晾乾→金色顏料→晾乾的順序上色，
若顏金太淡，再疊上一層金色即可。

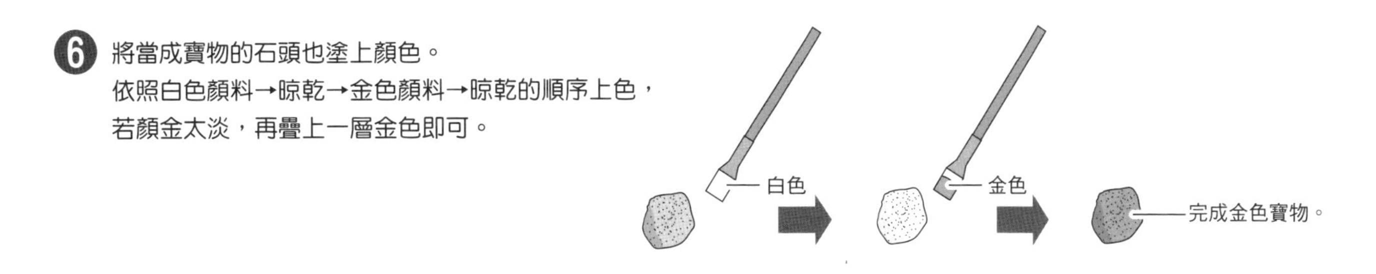

❼ 以黏膠黏上牙齒＆眼珠，
牙齒內側塗上黑色顏料。

後面
前面
另一側的眼睛＆
牙齒也黏在
相同位置。
門牙

❽ 以錐子在寶特瓶蓋的側面鑽洞，將長風箏線穿入洞內綁緊。
再在鱷魚背鰭附近也開個洞，風箏線由這個洞穿出。

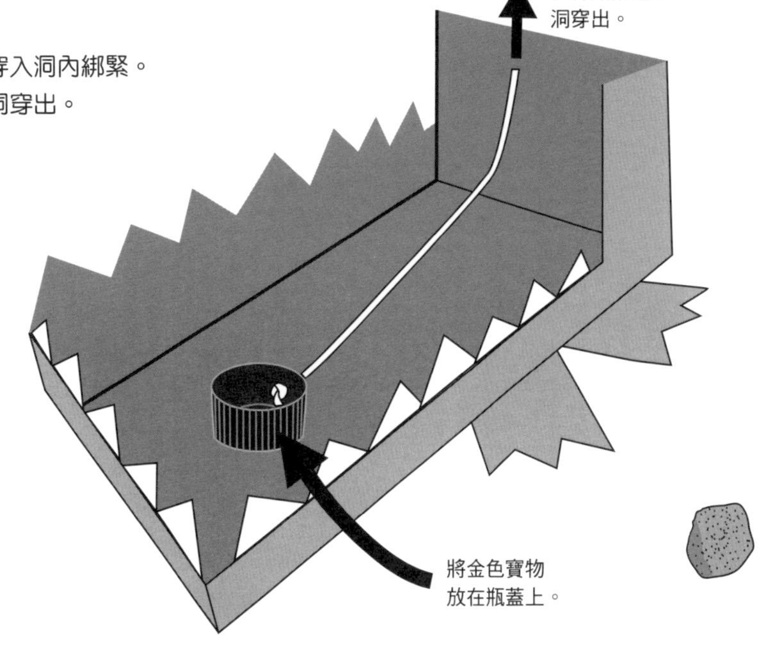

❾ 調整風箏線的長度後打結，
以透明膠帶固定在鱷魚嘴巴的上方。
剪去多餘的線。

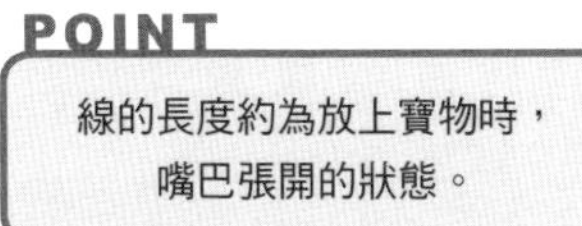

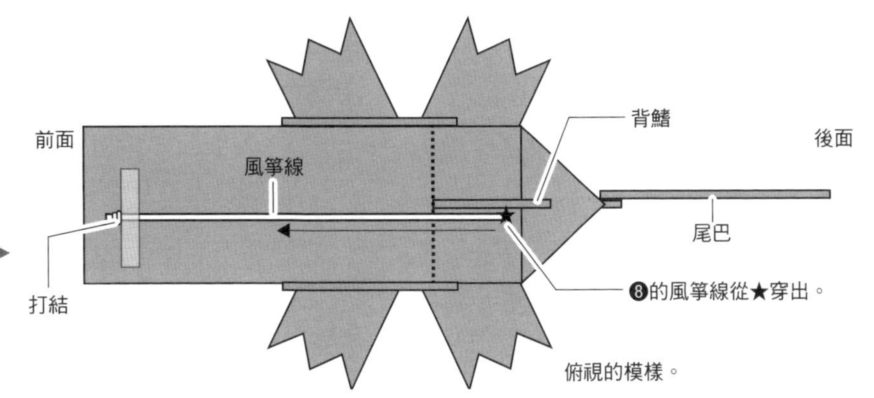

14

超迷你款齊聚一堂♪

小小帽子店

完成尺寸

〈店鋪〉
…長／12cm・寬／18cm・高／9cm
〈鴨舌帽〉
…長／2cm・寬／4cm・高／2cm
〈麥桿帽&白帽〉
…長／2cm・寬／5.5cm・高／2cm
〈禮帽〉
…長／3cm・寬／4.5cm・高／3cm

工具

剪刀、美工刀、黏膠、糨糊、透明膠帶、雙面膠、筆記用具

材料

〈店鋪〉
餅乾盒（長12cm・寬18cm・高9cm）……1個
條紋布（1m）……1片
寶特瓶（500mℓ）……2支
蕾絲……適量
寶特瓶蓋……2個
紙膠帶……適量
線……10cm
厚紙板（3.5cm×8cm）……1片
串珠（大）……6個
喜歡的圖案紙（同厚紙板尺寸）……1片
木紋紙（18cm×21cm）……1張

〈鴨舌帽〉
厚紙板……適量
寶特瓶蓋……1個
碎布……適量
裝飾用貼紙或串珠……適量

〈麥桿帽〉
厚紙板……適量
寶特瓶蓋……1個
麻繩……2m20cm
牙籤……1支
裝飾用串珠……適量

〈禮帽〉
厚紙板（黑）……適量
寶特瓶蓋……2個
黑色膠帶……適量
裝飾用緞帶串珠……適量

〈白帽〉
寶特瓶蓋……1個
白布……適量
裝飾用緞帶……適量

〈店鋪〉

牆壁

1 配合餅乾盒的尺寸裁剪條紋布＆蕾絲，以黏膠貼在盒子內側，地板則貼上木紋紙。

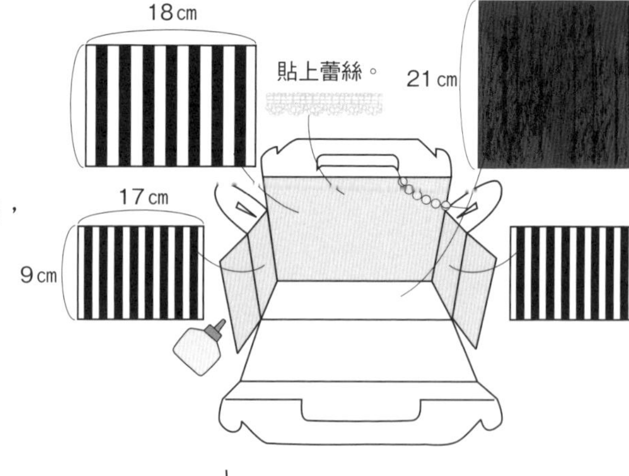

2 以線串起六個串珠，垂掛於盒子的提把處＆以紙膠帶固定。

為了防止串珠滑動，第一顆＆最後一顆珠子請穿線兩次。

展示架（左）

1 依照圖示以美工刀割開寶特瓶。

展示架（右）

1 依照圖示以美工刀割開寶特瓶。

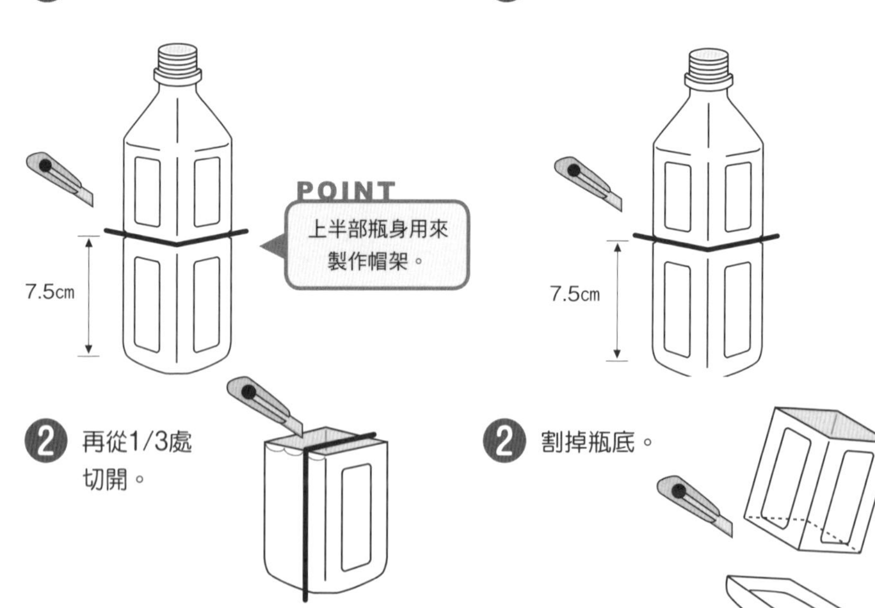

（左）2 再從1/3處切開。

（右）2 割掉瓶底。

展示架（左）（右）通用

3 以黏膠將裁好的寶特瓶貼至店鋪內，再黏上喜歡的帽子。

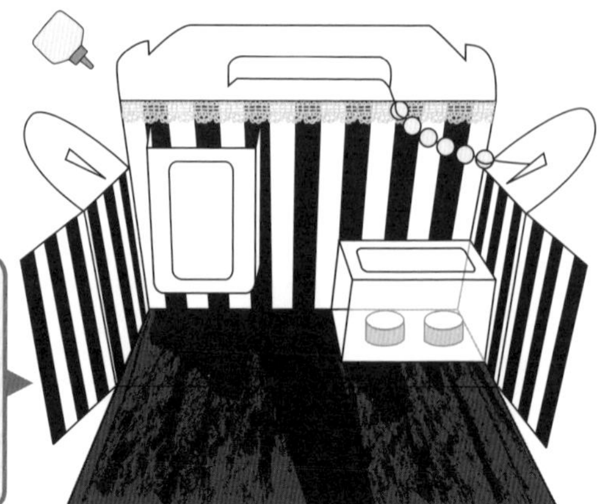

POINT

以紙膠帶將兩個瓶蓋的側面圍繞一圈，放進右邊的寶特瓶內，再放上帽子。

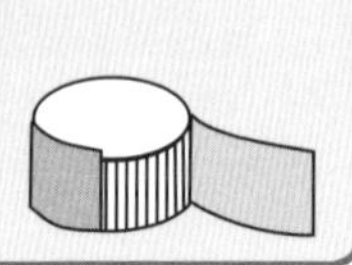

歡迎光臨看板

❶ 將長3.5㎝×寬8㎝的厚紙板塗上糨糊，
貼上喜歡的圖案紙。

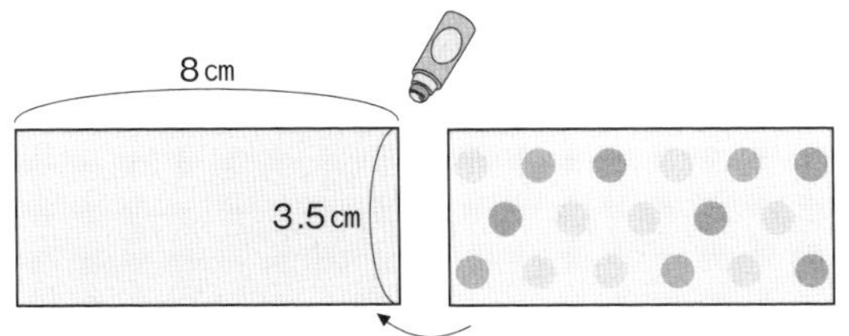

❷ 如圖所示，
以剪刀剪去兩個區塊，
正中間
再以美工刀
輕劃一刀。

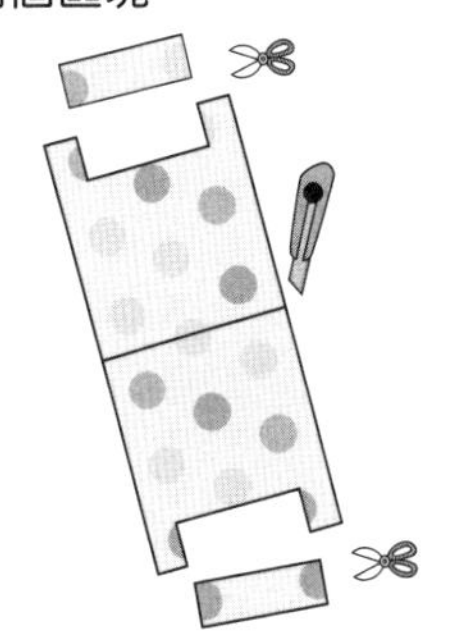

❸ 在紙上寫出Welcome字樣，
貼到❷上，再將厚紙板摺半立起。

帽架

依圖示的位置
切割寶特瓶。

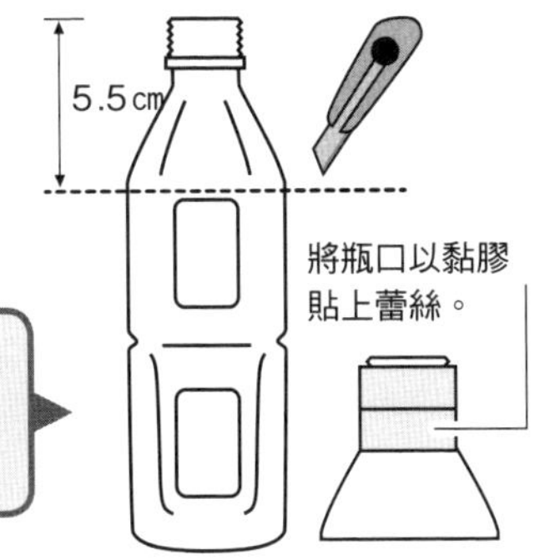

POINT

也可以使用P.54
製作展示架時
剩下的寶特瓶。

❷ 依圖示裁剪
三根吸管，
剩餘的吸管
再切成5㎝長。

12.5㎝ 13.5㎝ 14.5㎝ 5㎝

一根根剪短。

將三根彎曲的吸管放入❶中，
短吸管則用來填滿空隙。

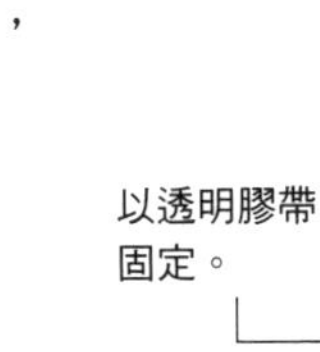

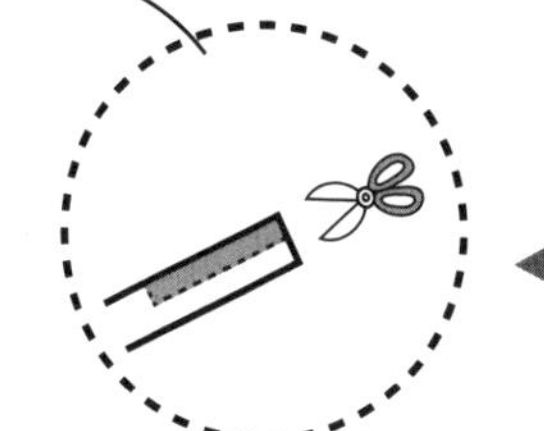

POINT

將吸管的前端切掉一半，
以方便吊掛帽子。
吊好帽子後
以透明膠帶固定。

〈鴨舌帽〉

CDGHIJ通用

將瓶蓋置於厚紙板上，錯開畫圓兩次，
再以剪刀剪下。

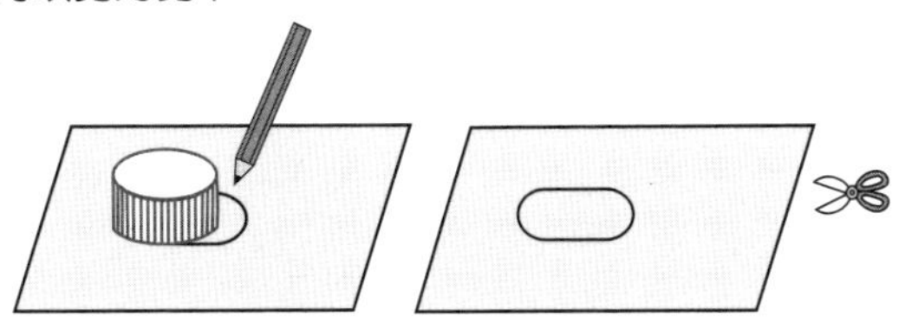

❷ 將裁好的厚紙板整片貼上雙面膠，
再黏到稍大片的布上，
剪去周圍多餘的布。

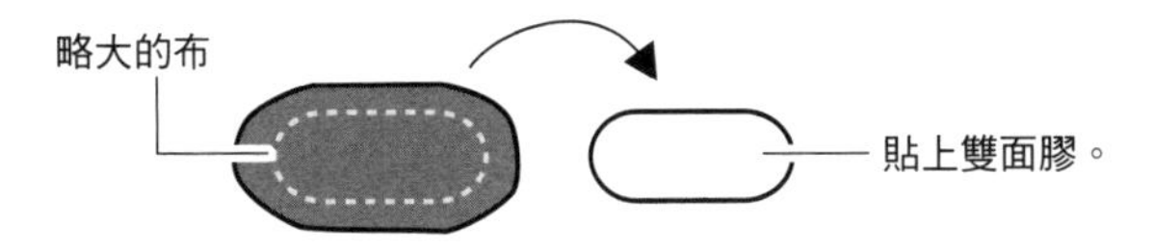

將瓶蓋面貼滿雙面膠，
再覆蓋貼上比瓶蓋面大的布。

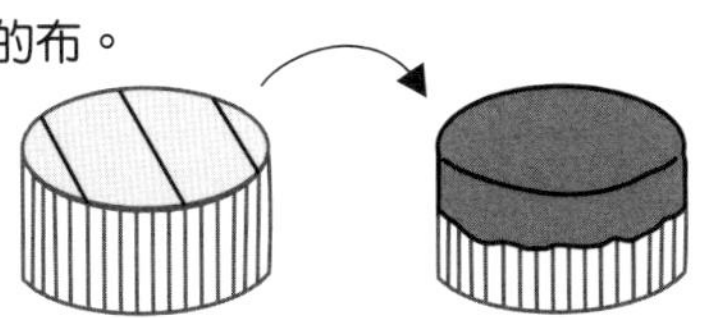

❹ 將瓶蓋側面黏貼一圈雙面膠，
再貼上一圈布。
布的接合處以黏膠加強固定。

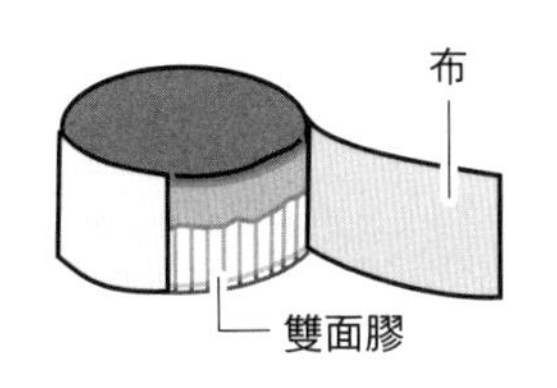

❺ 以黏膠將❷與❹黏貼成帽子的
形狀＆裝飾上串珠等，完成！

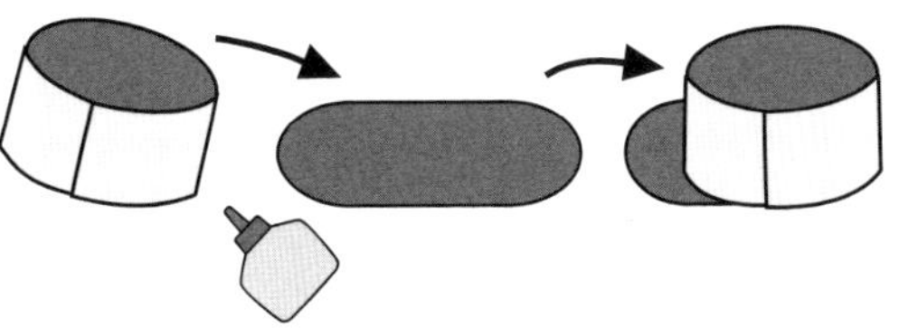

接續P.56→

〈麥桿帽〉

AE 通用

1 裁切一個比瓶蓋大一圈的厚紙板，
以黏膠黏合瓶蓋＆厚紙板，變成帽子的形狀。

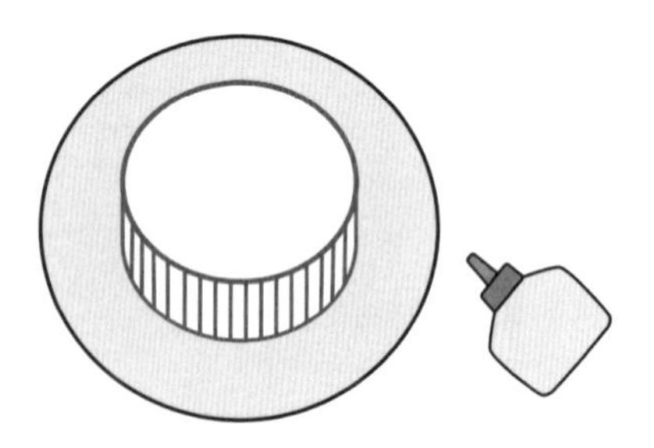

2 將整頂帽子都貼上雙面膠，
自外側開始纏繞上麻繩。

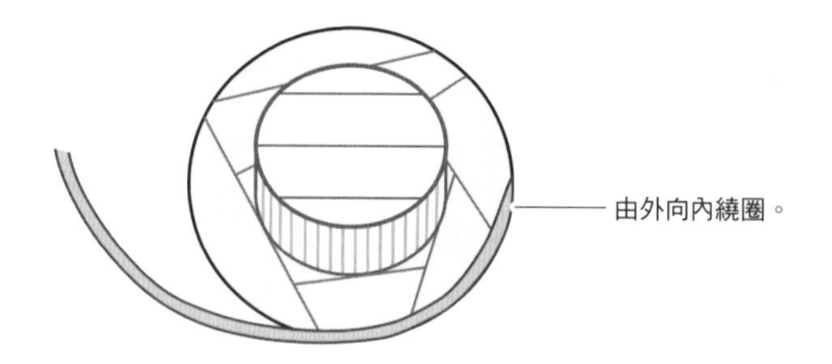

3 在帽頂剪斷麻繩，
以牙籤將麻繩端塞入藏起，
再裝飾上串珠等。完成！

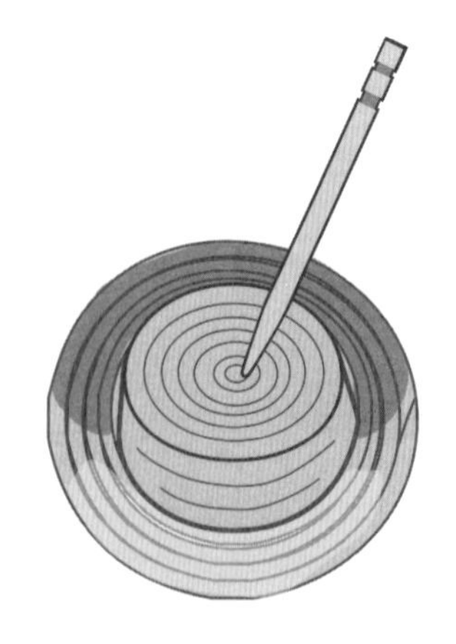

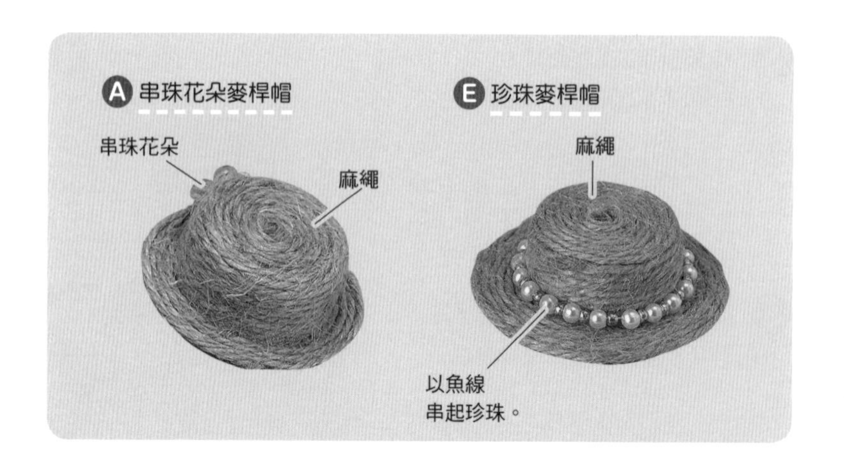

〈禮帽〉

❶ 以黑色膠帶黏貼瓶蓋上半部。

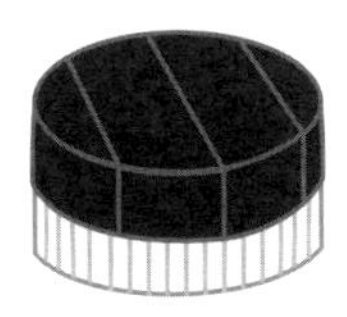

❷ 重疊兩個瓶蓋，
以黑色膠帶纏捲固定。

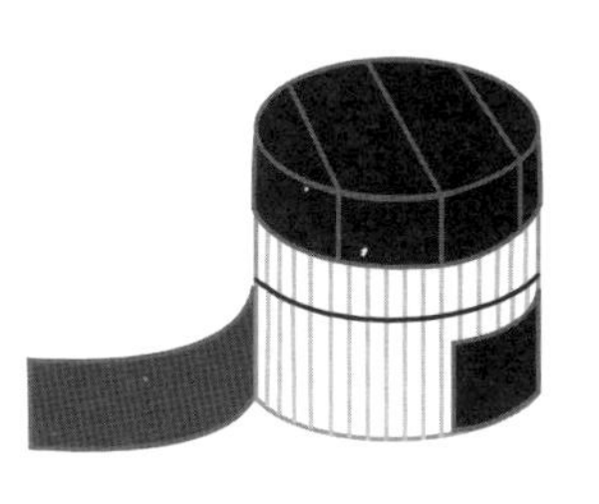

❸ 以黏膠將❷黏在比瓶蓋大一圈的厚紙板上。

❹ 在側面貼上雙面膠＆纏繞緞帶，再以黏膠黏上串珠。

〈白帽〉

❶ 剪一個比瓶蓋大一圈的厚紙板，
再將厚紙板貼滿雙面膠＆沿外緣修剪整齊。

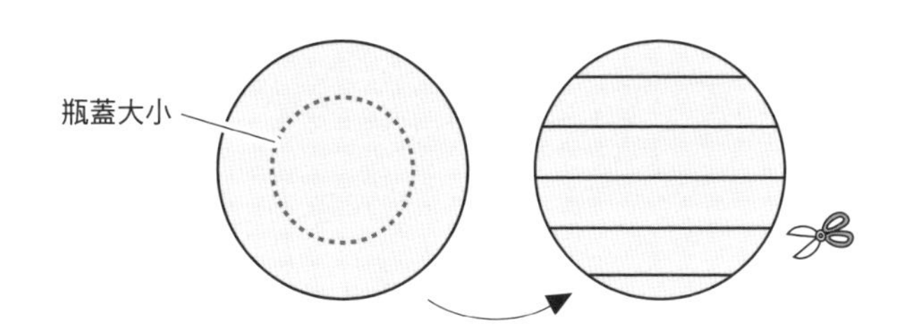

❷ 將❶的厚紙板貼到布上，
再沿厚紙板將布修剪整齊。

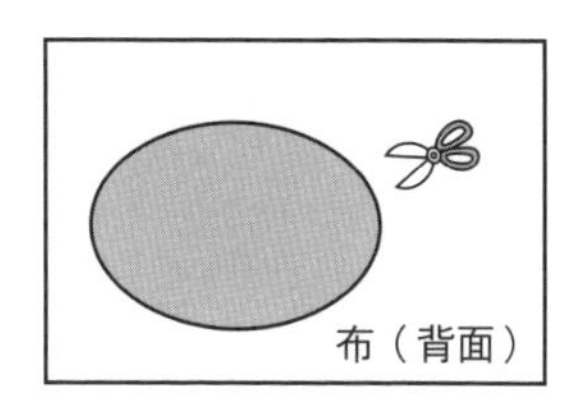

❸ 在瓶蓋上方貼滿雙面膠，覆蓋稍大的布。

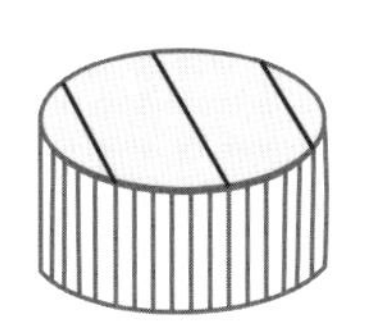

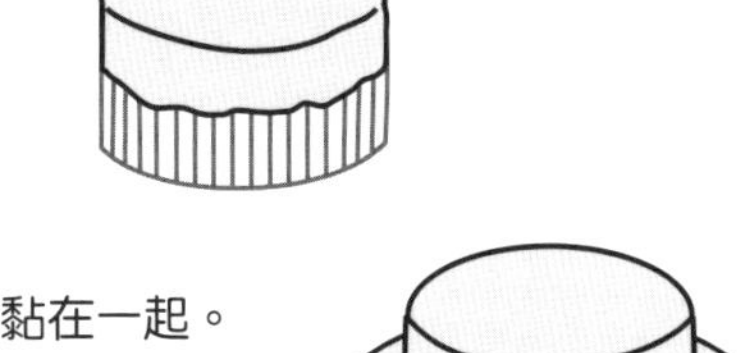

❹ 將突出的布摺至側面，貼上一圈雙面膠，再貼上一圈布。

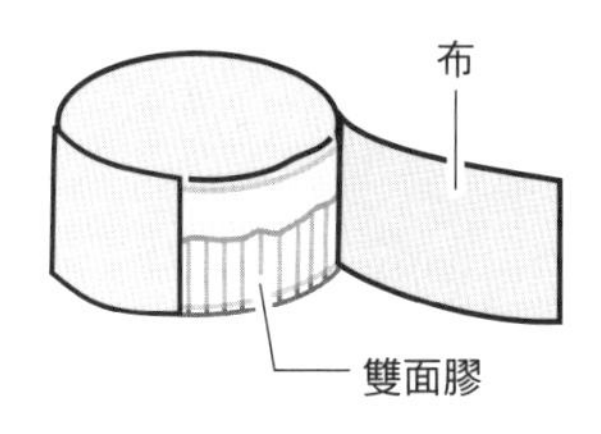

❺ 以黏膠將❹和❷的厚紙板黏在一起。

❻ 將帽子的側面貼上雙面膠，纏上格紋緞帶，
再以黏膠黏上蝴蝶結。完成！

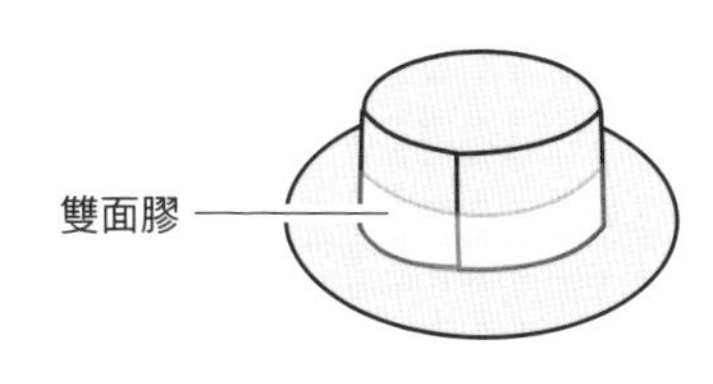

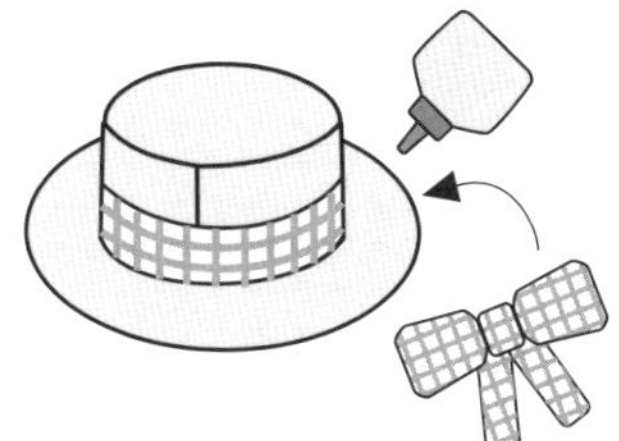

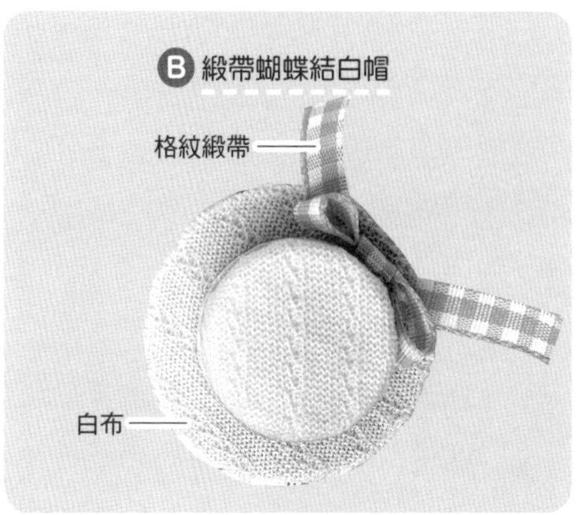

三張呆萌的臉

手偶三人組

完成尺寸

15 熊貓
…………寬／13cm・高／15cm

16 兔子
…………寬／13cm・高／18cm

17 青蛙
…………寬／13cm・高／18cm

工具

剪刀、油性筆

材料

15 熊貓

牛奶盒…………1個
膠帶（白・黑）…………適量

16 兔子

牛奶盒…………1個
膠帶（黑）…………適量

17 青蛙

牛奶盒…………1個
膠帶（黑）…………適量
紙膠帶（綠色系・紅色系）
…………適量

【15至17通用】

1 將牛奶盒充分洗淨，注口處整個打開，確實乾燥後如圖所示在開口部分剪開切口。

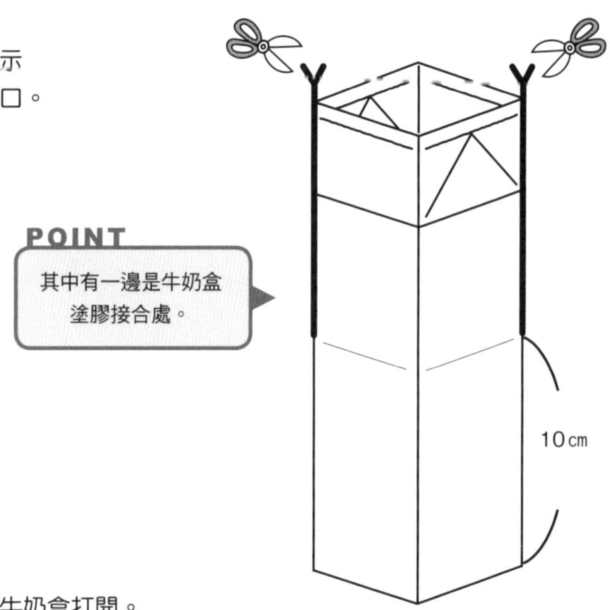

2 從注口沿著切口將牛奶盒打開。

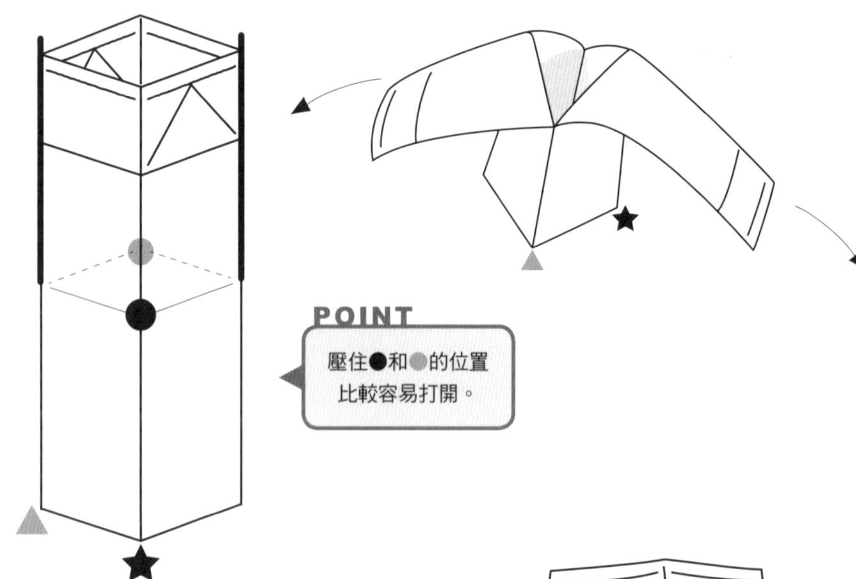

3 以油性筆將白色的盒面畫上喜歡的圖案。

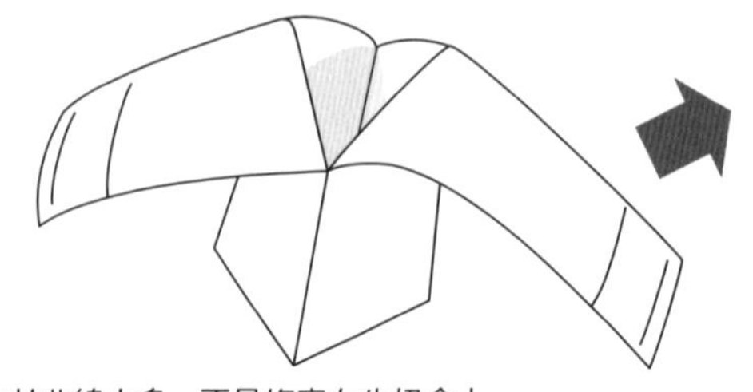

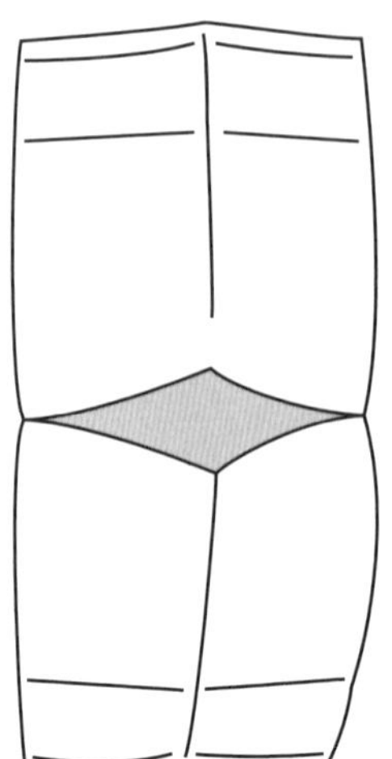

※由於曲線太多，不易複寫在牛奶盒上，因此未附紙型。

【15 熊貓】

耳朵、眼周、鼻子、手腳皆貼上黑色膠帶。
眼睛先貼白色膠帶再疊上黑色。

【16 兔子】

將眼睛＆鼻子處貼上黑色膠帶。

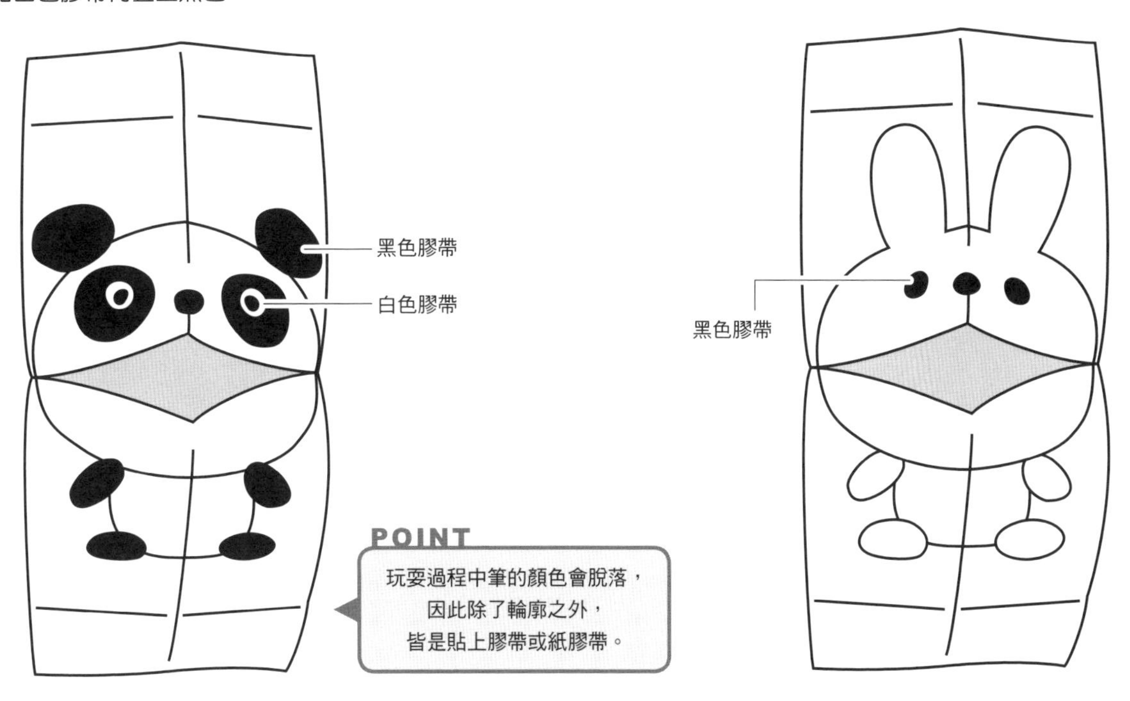

【17 青蛙】

整隻貼上綠色系的紙膠帶，
眼睛貼上黑色膠帶，
臉頰則貼上紅色系膠帶。

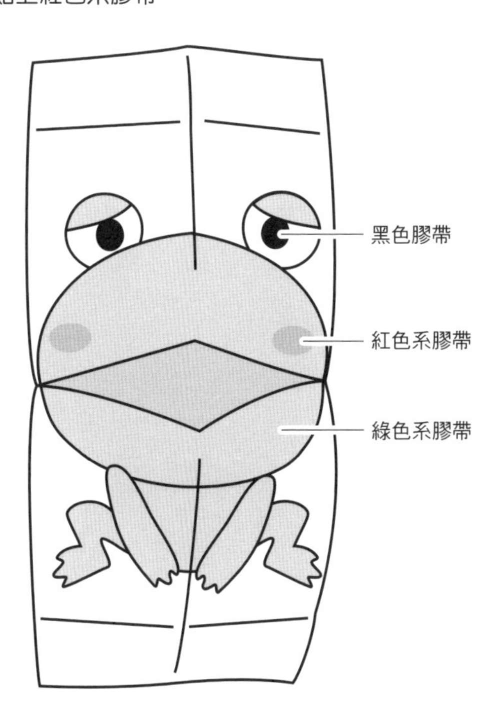

4 以剪刀沿著圖案輪廓裁剪，完成！
以手握住背後，按壓一下，
嘴巴就會跟著動起來。

18

歡迎來到顛倒的世界★

針孔相機

完成尺寸

寬／7.5㎝・高／9.5㎝

工具。

剪刀、美工刀、糨糊、透明膠帶、筆記用具、彩色筆

材料

紙杯（250㎖）……………2個
油性噴漆（黑）……………1罐
1元銅板……………………1枚
描圖紙………………………1張
放大鏡取下的鏡片（直徑3㎝）
或名片放大鏡、菲涅耳透鏡…1片
圖畫紙（黑）………………1張

〈通用〉

以黑色油性噴漆將Ⓐ和Ⓑ兩個紙杯的內側噴成黑色，
晾放至完全乾燥再使用。

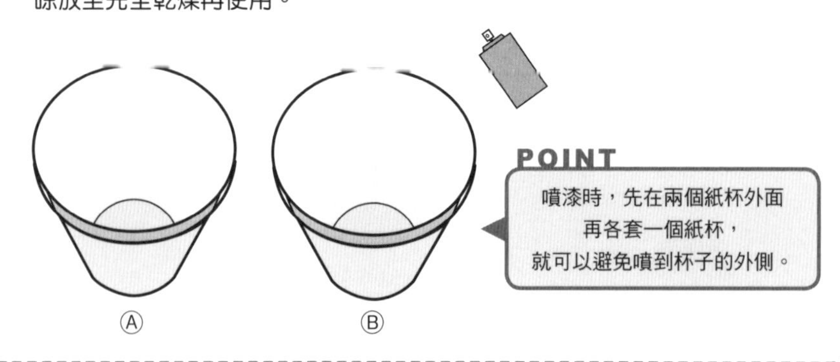

〈Ⓐ紙杯〉

❶ 割除紙杯的底面。

❷ 在杯底邊緣塗上黏膠，置於描圖紙上黏合。

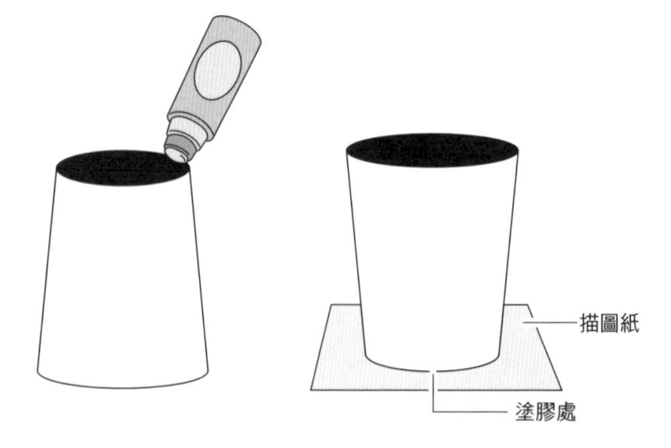

❸ 當紙杯＆描圖紙牢牢黏住後，
以剪刀沿著杯緣剪去多餘的描圖紙。
在杯子外側隨興繪圖。

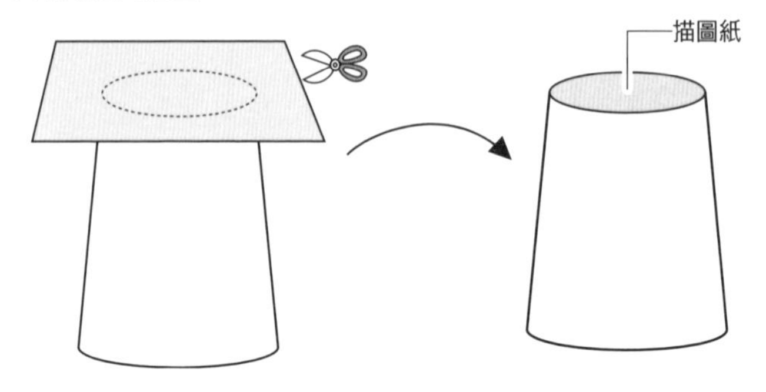

〈Ⓑ紙杯〉

❶ 將1元銅板置於底面正中間，以鉛筆描圖，
再以美工刀挖空。

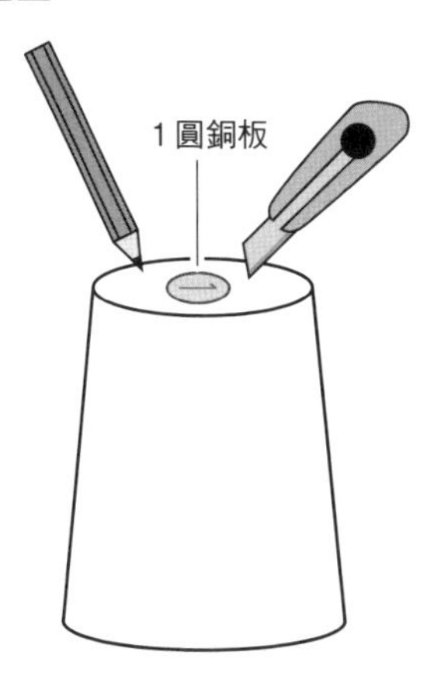

❷ 以放大鏡取下的鏡片蓋住挖空處，
再以透明膠帶貼住四邊加以固定。

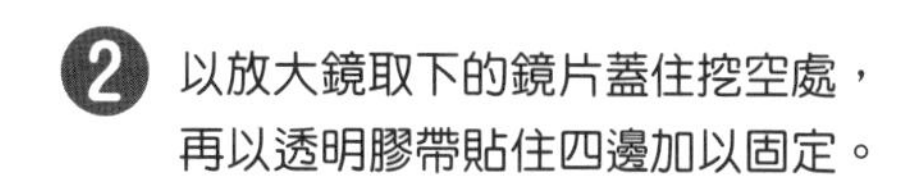

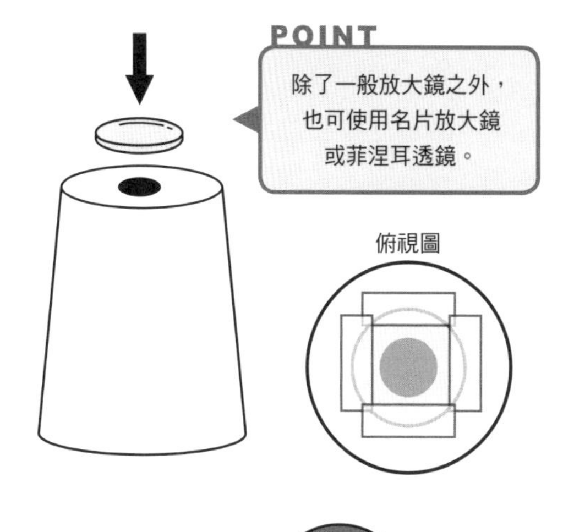

❸ 將紙杯放在黑色圖畫紙上，畫圓後剪下。
再將1元銅板放在圓形的正中間，
描圖後以美工刀挖空。

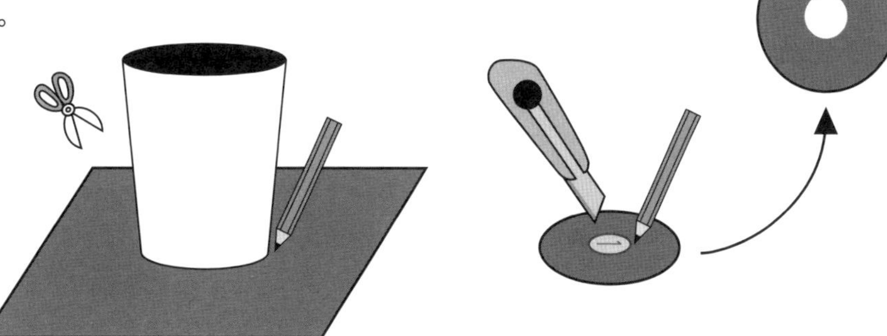

❹ 以❸的圖畫紙蓋住❷，以透明膠帶固定四個地方。
杯子外側則用彩色筆隨興的畫圖。

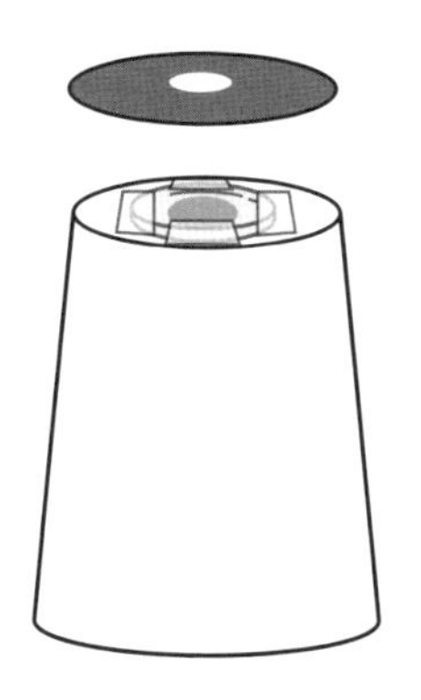

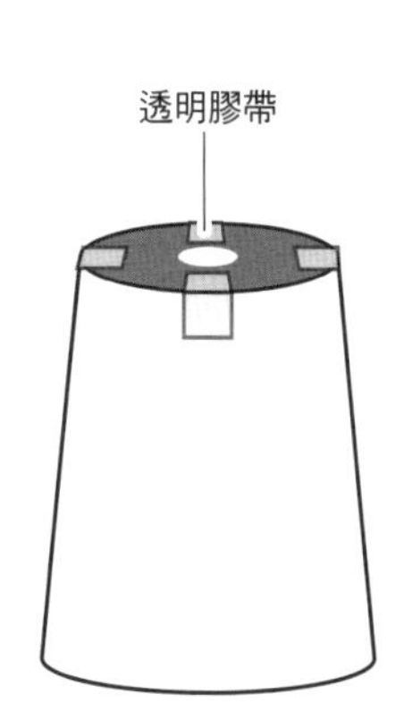

怎麼玩？

將Ⓐ紙杯套入Ⓑ紙杯內，
眼睛對著Ⓐ紙杯朝明亮處看過去。
將兩個紙杯拉近拉遠地對準孔洞，
顛倒的景色就會映在描圖紙上。

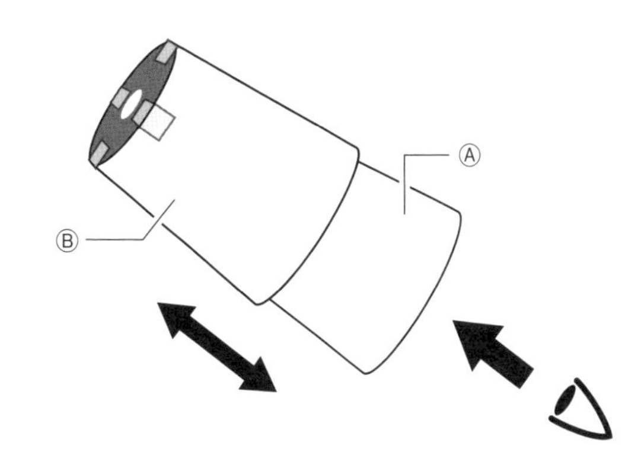

P.16

19

突然蹦出一條蛇！

驚奇箱

完成尺寸

〈箱子〉

……長／12.5cm・寬／18cm・高／5cm

〈蛇〉

……長／4.5cm・寬／14cm・高／51cm

工具

剪刀、美工刀、透明膠帶、雙面膠、尺、筆記用具

材料

牛奶盒……1個
彩色圖畫紙（B4）……1張
橡皮筋……4條
裝飾用貼紙或紙膠帶……適量
紙箱……1個

1 將牛奶盒四等分後切開後，以美工刀割除底面。

2 將切成四段的牛奶盒，依照圖示從側邊以透明膠帶兩兩黏接固定。

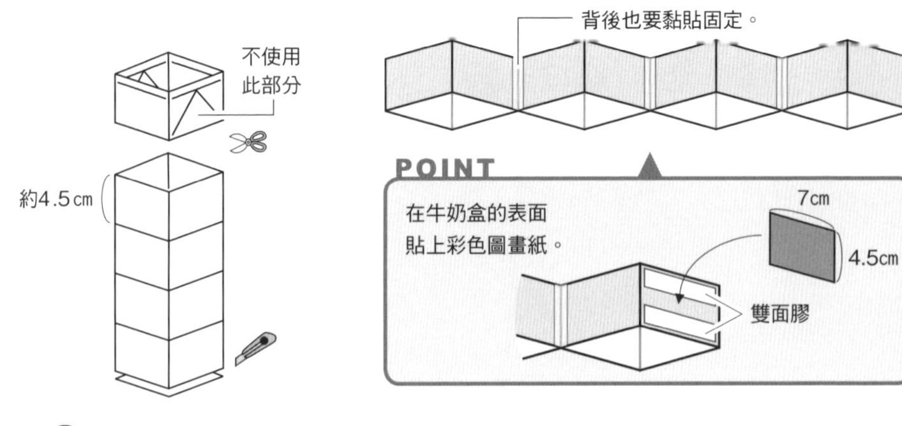

3 以剪刀在○記號處剪開5mm左右的切口。另一側作法亦同。共剪16個切口。

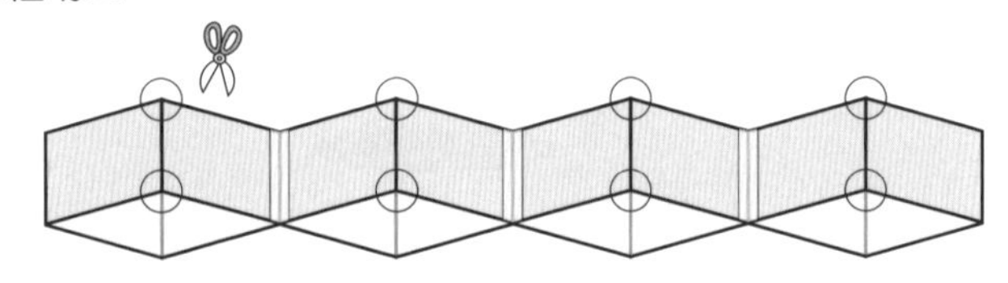

4 在正反面的切口處套上4條橡皮筋。

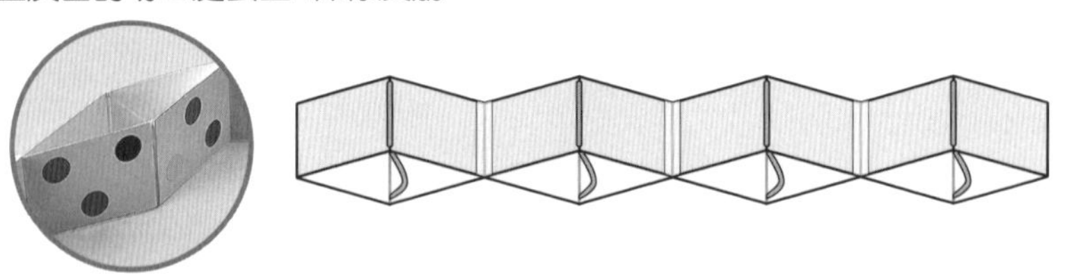

5 以貼紙＆筆將最前面的紙片畫上蛇的臉孔，身體部分也畫上圖案。

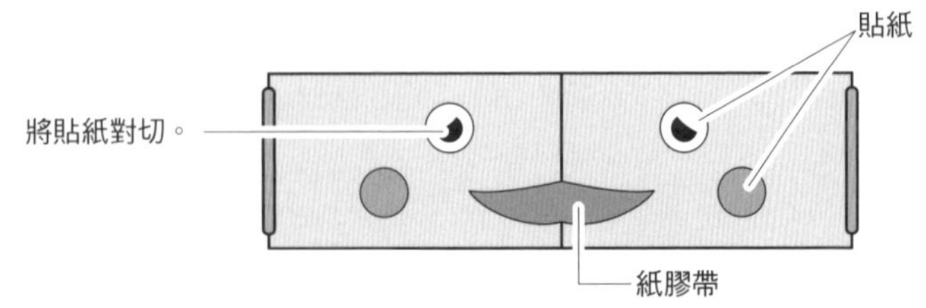

6 將橡皮筋撐大，摺疊成扁平狀放進箱內，或夾入書本、雜誌內，嘗試放在不同的位置。

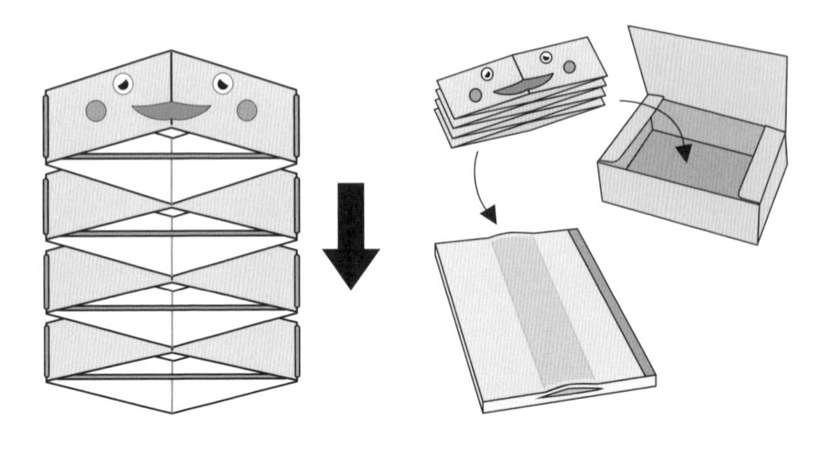

P.11 13

嘁嘁嘁冒泡的入浴劑

蜂蜜☆泡澡球

完成尺寸

寬／3cm・高／5cm

工具

碗、湯匙、保鮮膜

材料

〈藍色款〉

小蘇打	30g
檸檬酸	10g
鹽	10g
蜂蜜	1g
食用色素（藍）	少許
便當用小杯子	8個

〈粉紅款〉

小蘇打	30g
檸檬酸	10g
鹽	10g
蜂蜜	1g
食用色素（紅）	少許
便當用小杯子	8個

1. 在碗中放入小蘇打、檸檬酸與鹽，充分攪拌均勻。

2. 加入少許食用色素＆倒入蜂蜜，以碗中的粉狀物蓋住蜂蜜，再以湯匙研磨。如果直接使用雙手，就先將粉蓋住蜂蜜再搓揉，重複相同的動作。

3. 搓至成乾鬆狀（參見P.11）後，以湯匙舀入容器中，覆蓋保鮮膜，再以湯匙用力按壓直至變硬。

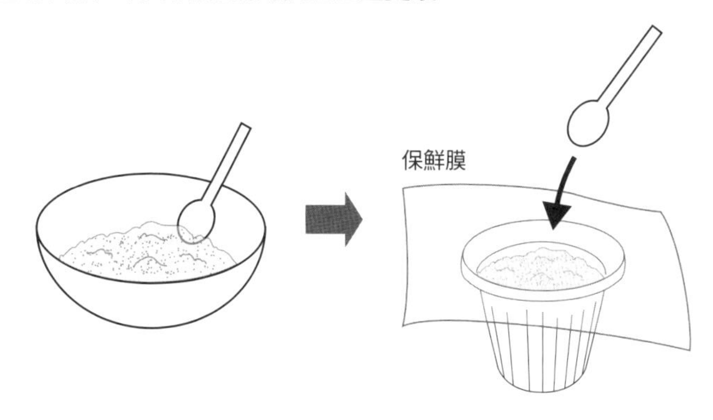

4. 放進冷凍庫一天後，從容器中倒出，完成！

P.17 20 21

和夏天最速配的飾品！

清涼感☆原創
透明串珠首飾

完成尺寸

20 緞帶項鍊 ……………… 長／25cm
21 歡樂手環 ……………… 直徑／5cm

工具

剪刀、美工刀、尺、油性筆、彩色筆

材料

寶特瓶串珠

寶特瓶（硬質）……………… 1支
錫箔紙 ……………… 適量

20 緞帶項鍊

寶特瓶串珠 ……………… 20至30個
粉紅色緞帶（50cm）……………… 1條
人造花 ……………… 1個

21 歡樂手環

寶特瓶串珠 ……………… 10至15個
彈力線（50cm）……………… 適量

【20 21 通用】

❶ 準備碳酸飲料的硬質寶特瓶，切去頭尾，只保留中段。

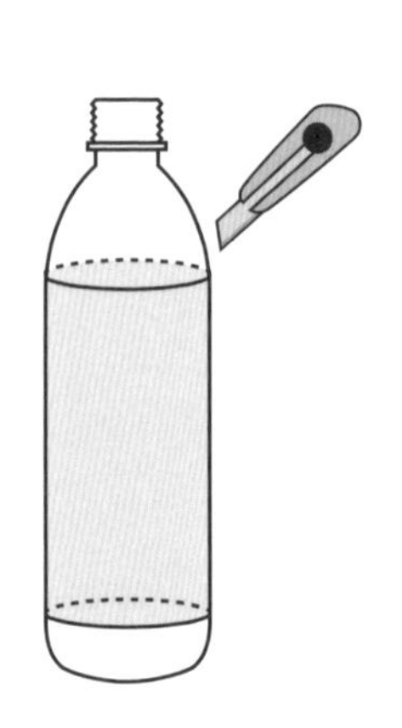

❷ 縱向將❶分成四等分。

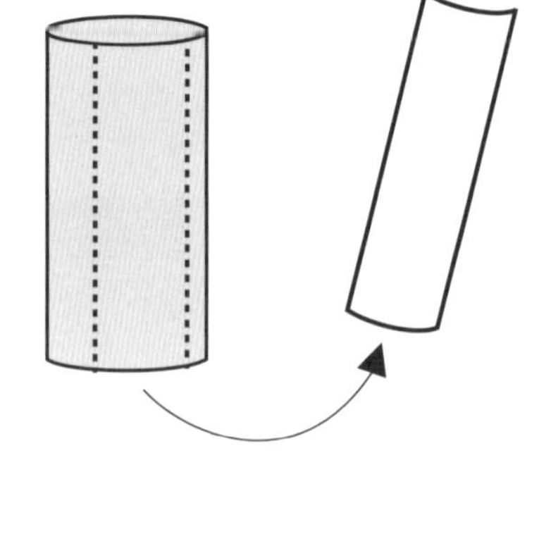

❸ 用尺抵住，畫好長2.5cm．寬1cm的長方形，再以美工刀切割。

❹ 依喜好在切成小塊狀的寶特瓶塑膠片上描繪圖案。

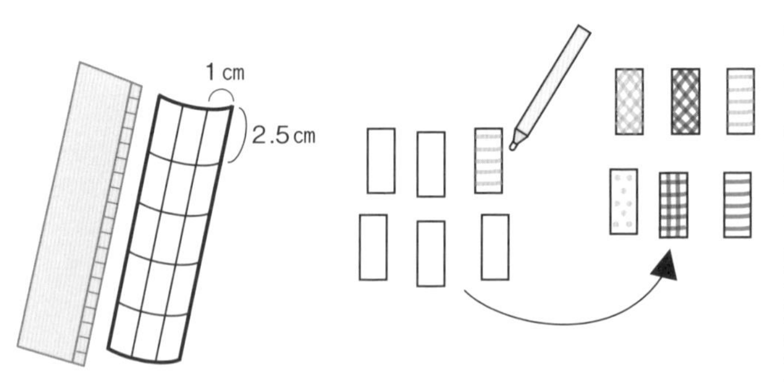

❺ 將烤箱的烤盤或烤魚架鋪上錫箔紙＆放上❹。當寶特瓶塑膠片捲圓就熄火。

❻ 完成！取出時小心不要燙傷。

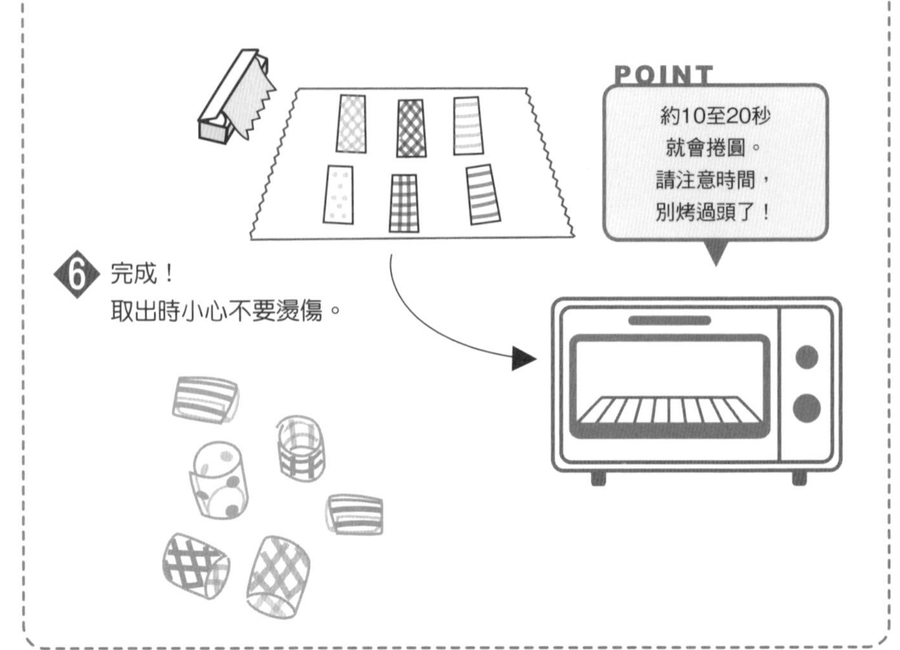

【20 緞帶項鍊】

1 依喜好裁剪緞帶的長度。
因為要打蝴蝶結，
所以可預留略長一些。

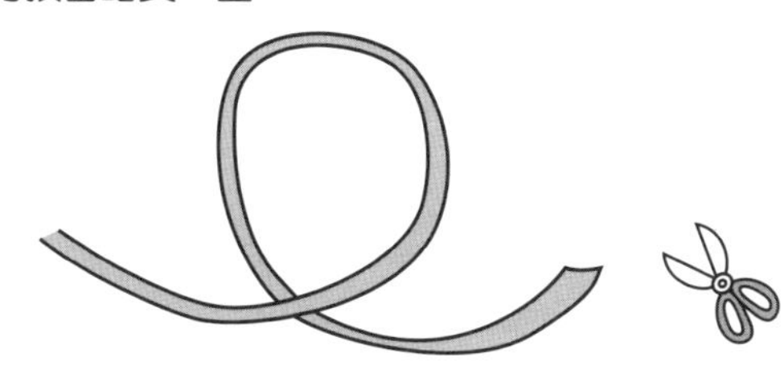

2 將緞帶約穿上30個寶特瓶串珠。

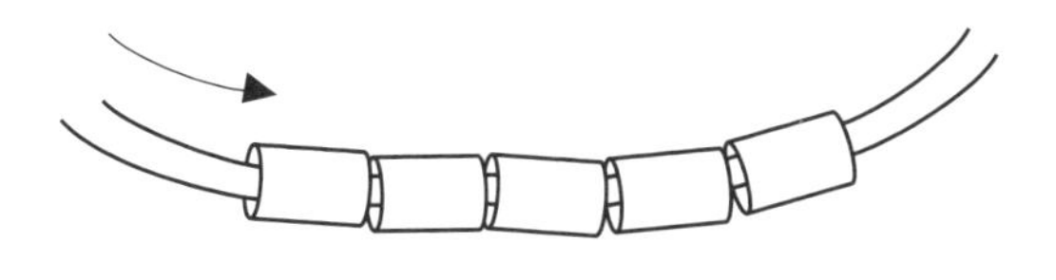

3 在串珠的正中間（左左各15個之間），
以黏膠黏上人造花。

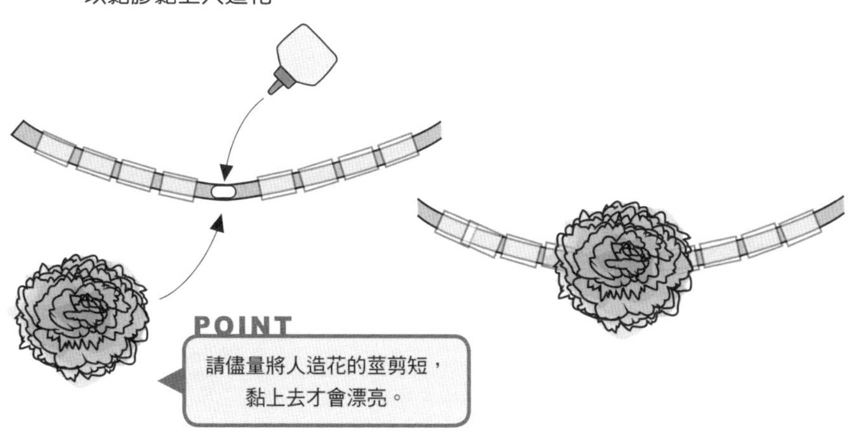

4 綁上蝴蝶結，完成！

【21 歡樂手環】

1 配合手腕大小裁剪適當長度的彈力線。

2 將寶特瓶串珠穿入彈力線。

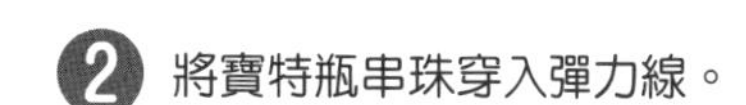

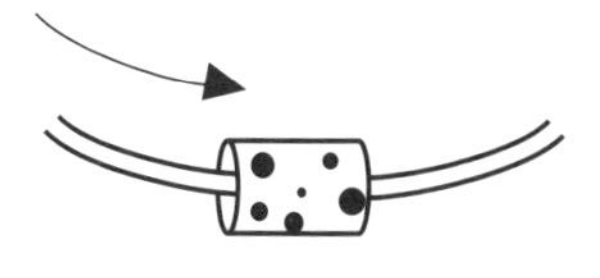

3 全部串好後將線打結固定＆剪短線頭。

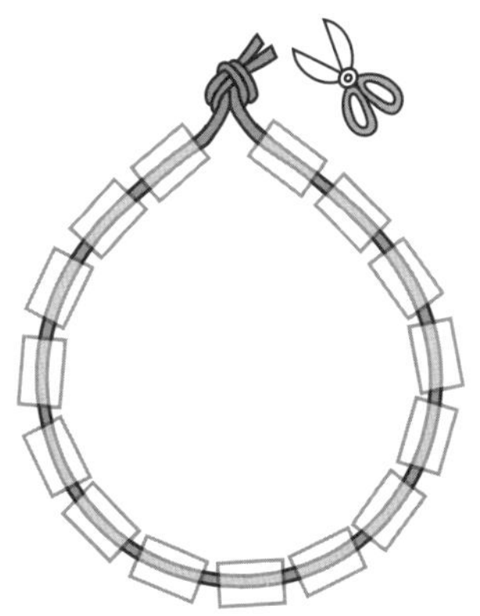

22 23

動物點畫

牙籤藝術

完成尺寸

22 人氣明星☆熊貓

……長／16.7㎝・寬／18.5㎝・高／3㎝

23 微笑的柴犬

……長／24.7㎝・寬／18.5㎝・高／3㎝

工具

剪刀、美工刀、透明膠帶、筆

材料

22 人氣明星☆熊貓

牙籤（100根包裝）…………6包
顏料（白・黑・黃綠）……各1個
保麗龍板…………1片
對照用的紙型…………1張

23 微笑的柴犬

牙籤（100根包裝）…………9包
顏料（白・黑・紫・粉紅・茶）
…………各1個
保麗龍板…………1片
對照用的紙型…………1張

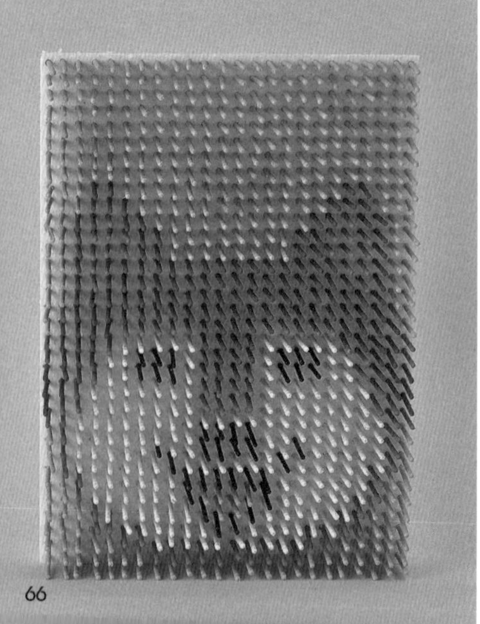

【22 23 通用】

❶ 複印P.68及P.69的紙型，再以美工刀將保麗龍板裁成與紙型相同大小。

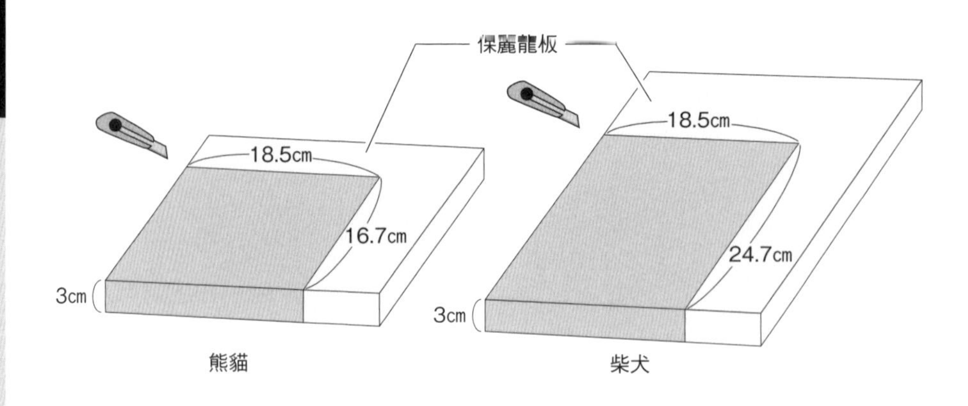

❷ 將紙型鋪在切割好的保麗龍板上，以透明膠帶固定。

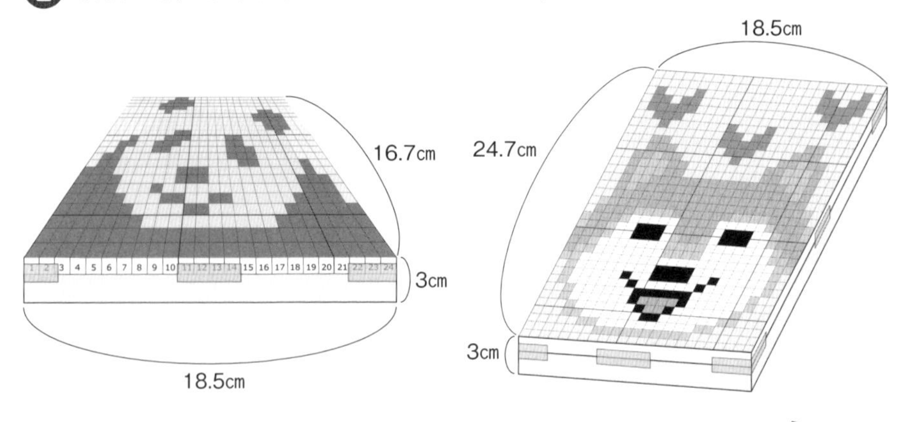

❸ 以牙籤在❷的所有格子中間戳洞。

POINT
將牙籤對準格子正中央，
又深又直地戳進去。

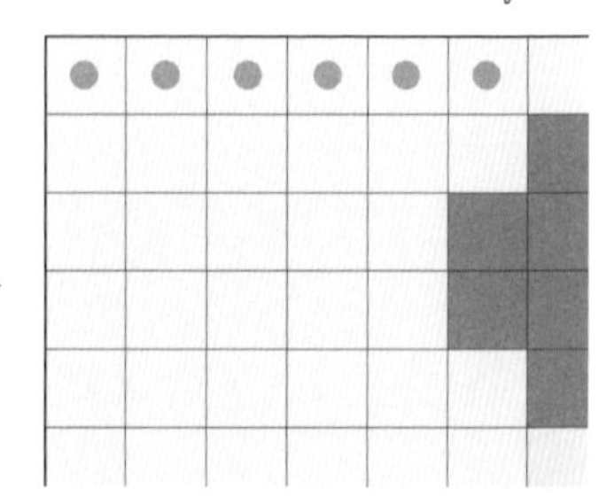

❹ 全部戳好洞後，移除紙型。

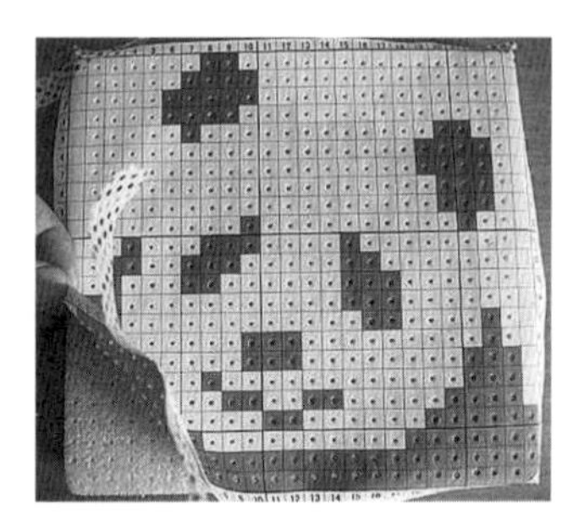

❺ 將牙籤塗上顏色，插在切下不用的保麗龍上晾乾。
牙籤是從頂端塗至向下3.5㎝處。

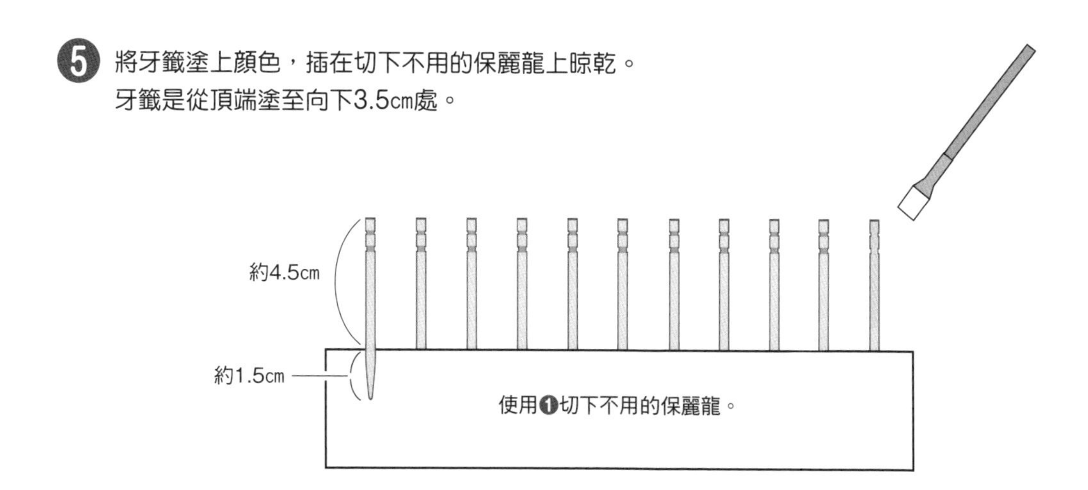

❻ 將❺的牙籤斜切成1/3長。。

❼ 將紙型放在❹的旁邊，一邊對照一邊插上牙籤。❻

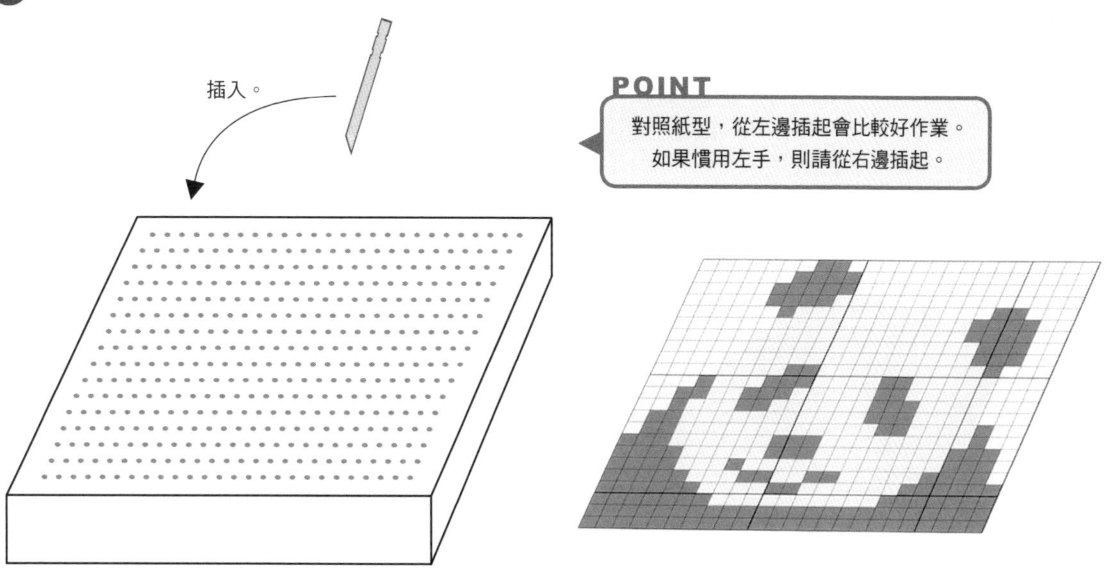

❽ 將未塗上顏色的牙籤處插深一點，把它藏起來。

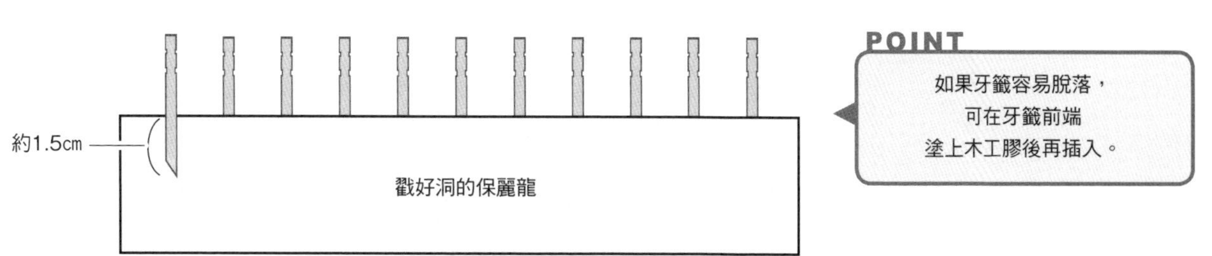

接續P.68→

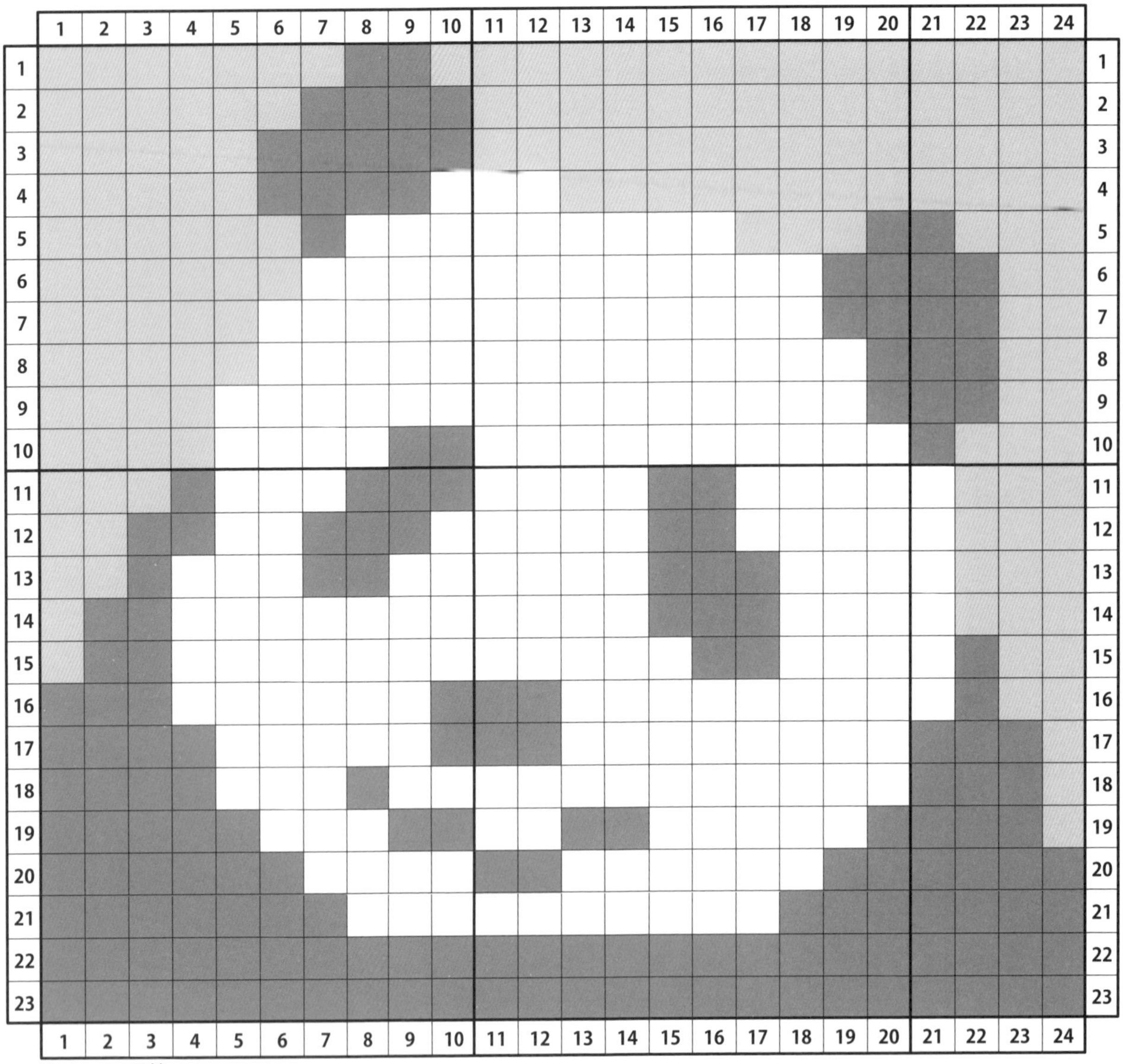

牙籤

白色（臉）	221根
綠色（背景）	153根
黑色（臉孔・身體）	178根
合　計	552根

以B4紙放大至120%影印使用。

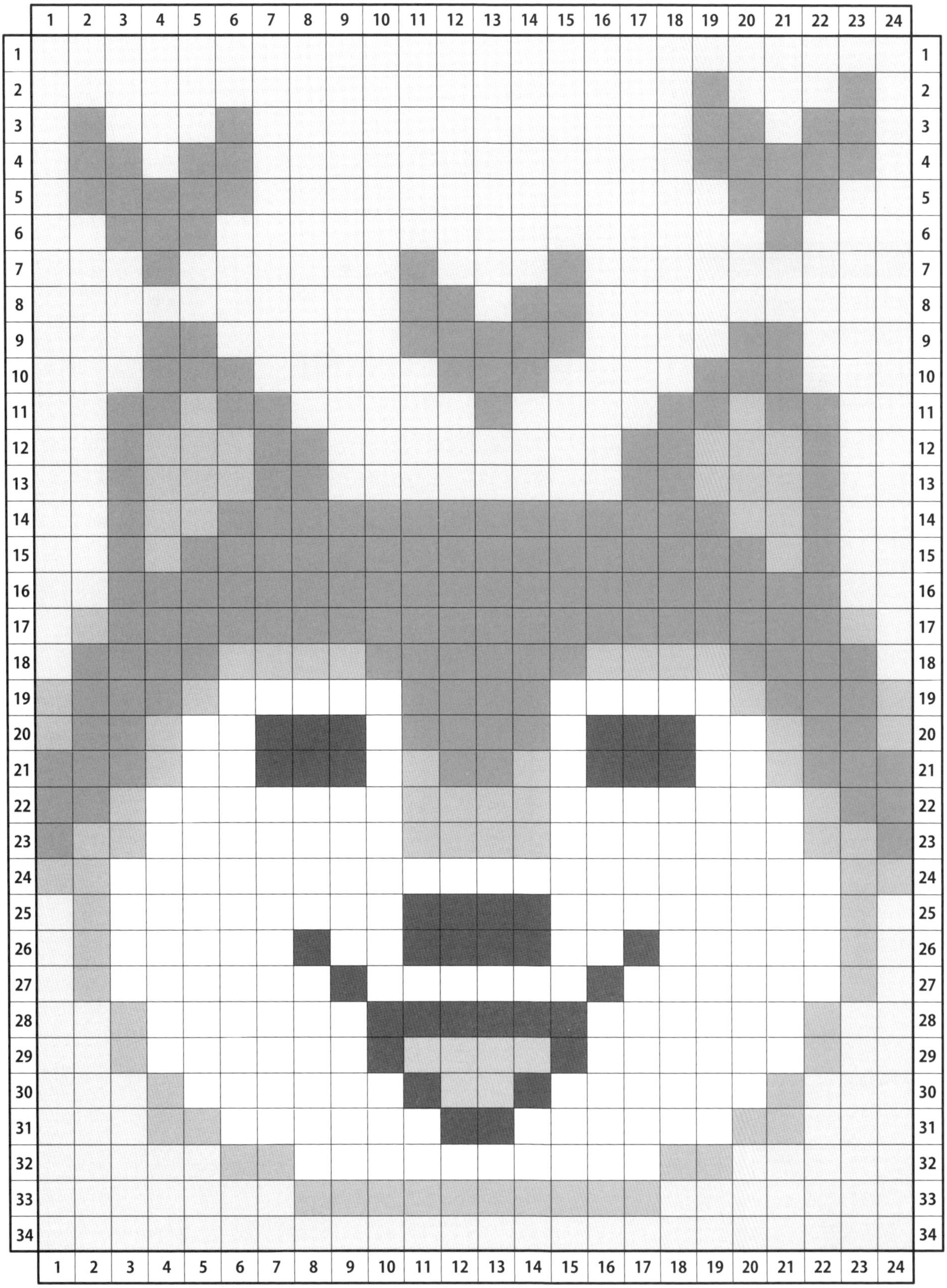

牙籤

粉紅色（愛心）	45根	粉紅色（柴犬的嘴巴）	6根
深茶色（柴犬）	150根	白色（柴犬的臉）	176根
淺茶色（柴犬）	90根	背景（隨喜好）	313根
黑色（柴犬）	36根	合　計	816根

以B4紙放大至120%影印使用。

P.20

24

根本是在變魔術吧！

把錢變不見的存錢筒

完成尺寸

長／7cm・寬／7cm
高／7cm

工具

剪刀、美工刀、黏膠、雙面膠

材料

有圖案的紙或色紙……1至2張
壓克力鏡面板……1片
紙膠帶……適量
膠帶……適量
圖畫紙（白）……1至2張

❶ 參見圖示切割牛奶盒。

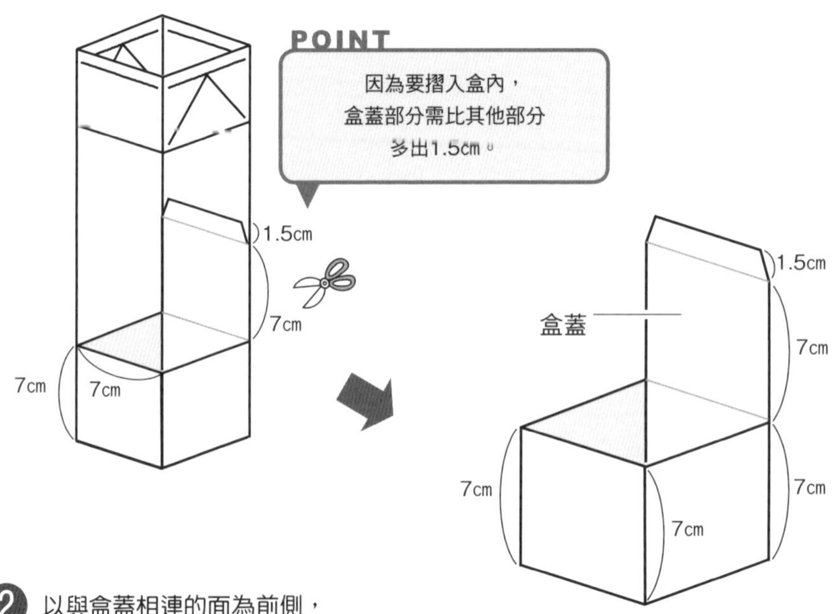

❷ 以與盒蓋相連的面為前側，
四周留下1cm寬後以美工刀挖空。

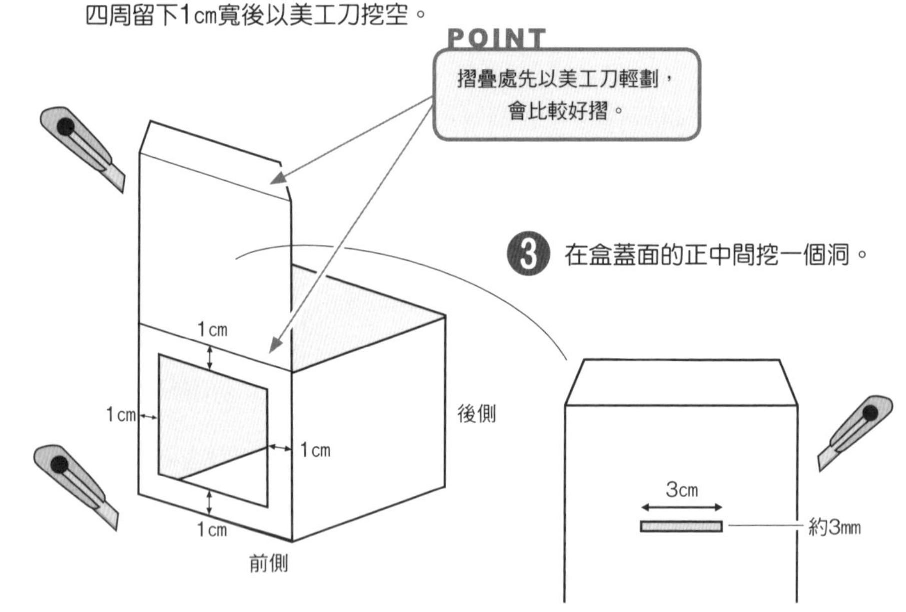

❸ 在盒蓋面的正中間挖一個洞。

❹ 將底部＆側面貼上喜歡的紙。

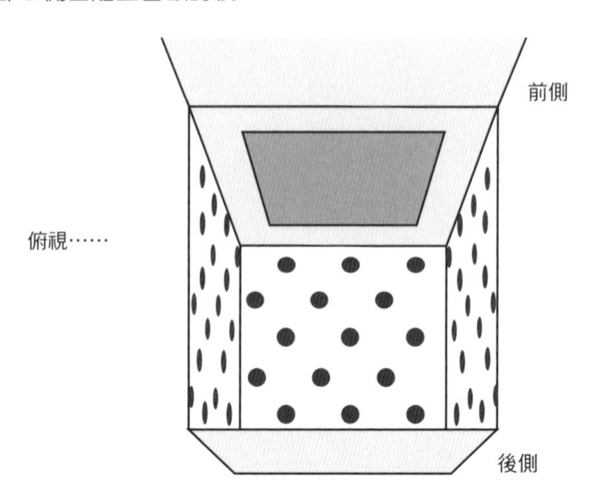

5 依照圖示，將壓克力鏡面板斜放在盒中。非鏡面的那一面朝上。

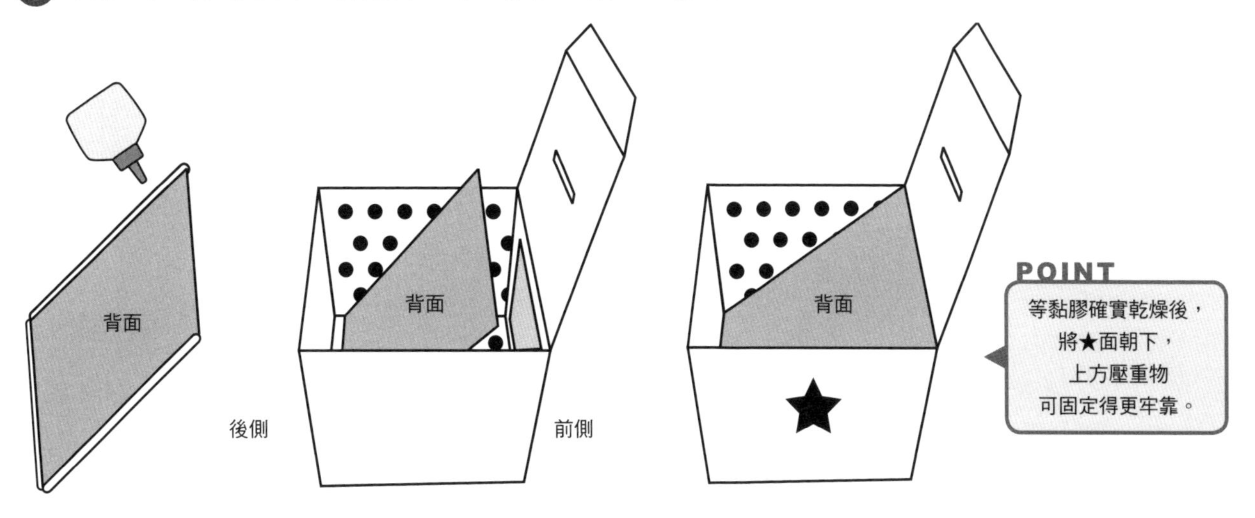

6 等❺的黏膠乾燥後，將盒子外側貼上雙面膠，再黏上切割成邊長7cm的圖畫紙。

7 最後再參照圖示，
貼上膠帶或紙膠帶作為裝飾。

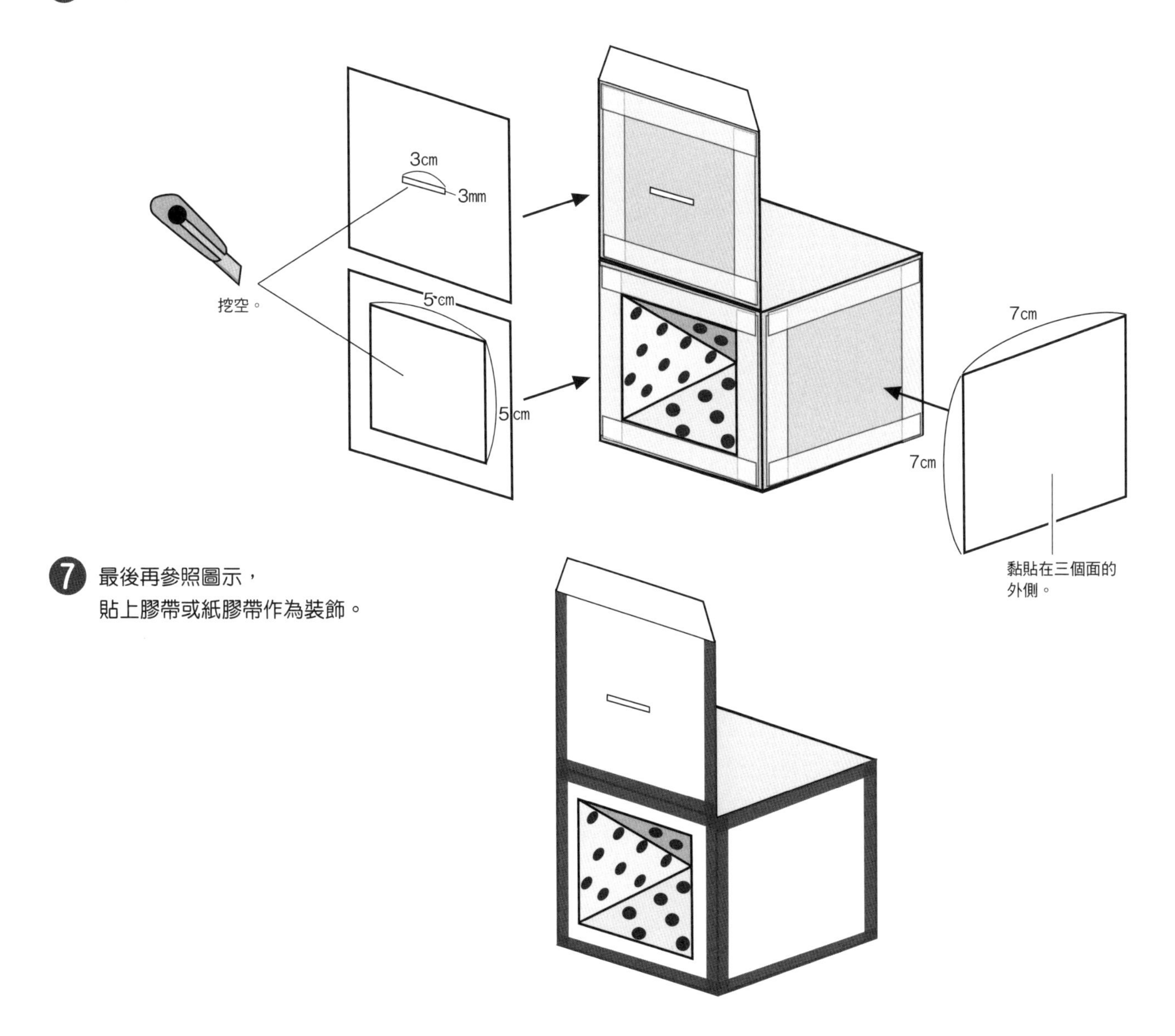

P.21 25

有海賊王的氛圍喔！

尋寶存錢筒

完成尺寸

長／27cm・寬／7.5cm
高／17.5cm

工具

剪刀、美工刀、黏膠、糨糊、透明膠帶、訂書機、筆記用具

材料

牛奶盒	1個
圖畫紙（白・黑・藍）	各2至3張
串珠（大）	1個
牙籤	3根
橡皮筋	2條
吸管（紅）	2根
黑色厚紙板（B4）	2片
厚紙板	適量
風箏線	適量
色紙（銀）	1張
壓克力顏料（黑）	1個
瓦楞紙	適量

1 將牛奶盒縱向剖半。Ⓐ剪掉灰色的部分，Ⓑ則是剪成圖示的形狀。

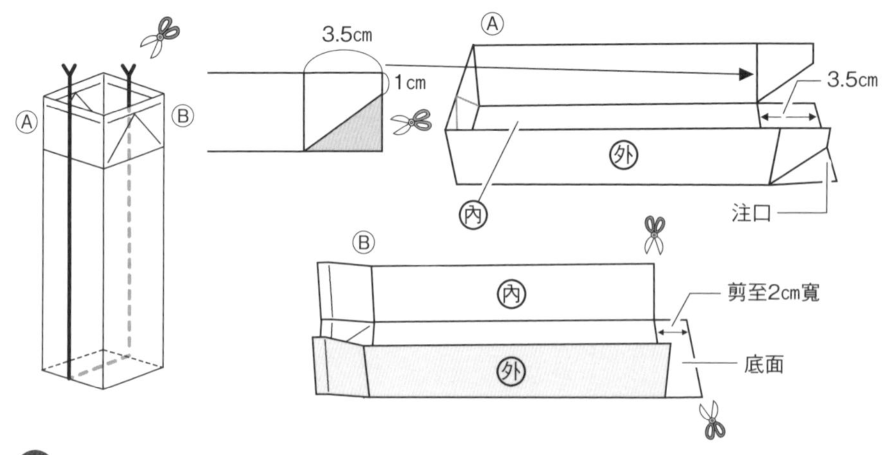

2 【牛奶盒・Ⓐ】
挖一個銅板用的洞＆兩個穿入橡皮筋的小孔，
並在銅板取出口也鑽一個小孔。

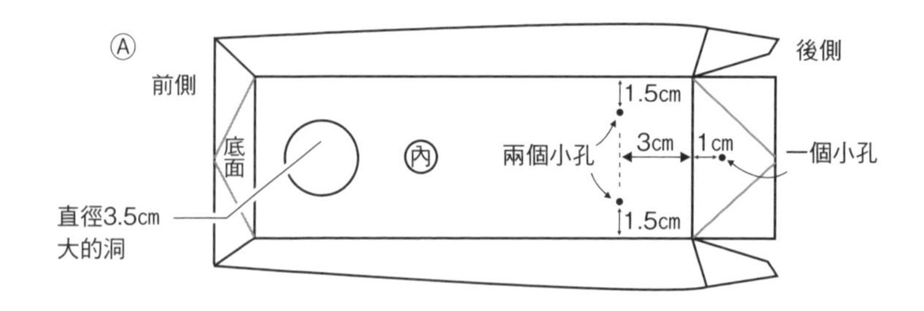

3 【牛奶盒・Ⓑ】
以訂書機將注口開口訂成三角形，
並在存錢筒的底部鑽一個小孔。

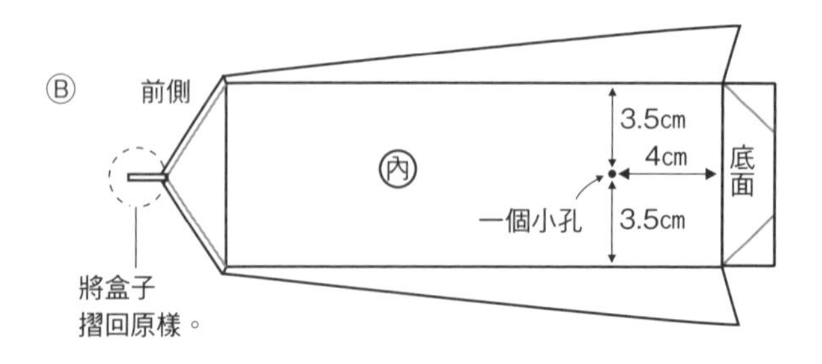

4 將牛奶盒的上面＆銅板取出口塗上黑色壓克力顏料，等待全乾。

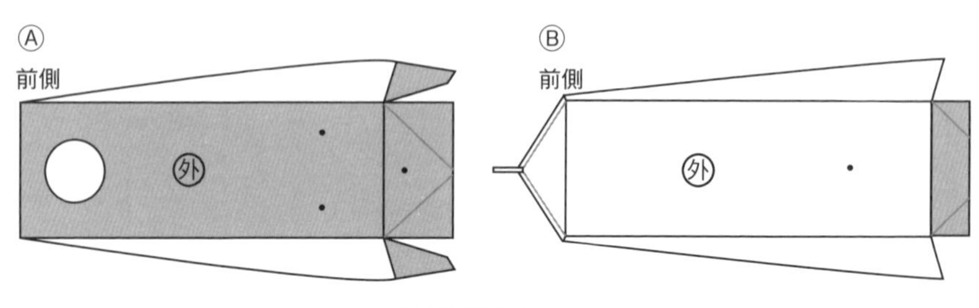

將灰色部分塗黑。

5 將一條橡皮筋穿入❷的兩個孔，
套入牙籤再以透明膠帶固定於內側。
風箏線則穿入串珠後
再穿過❷的銅板取出口，
拉至內側綁在牙籤上。
為防脫落，
再以透明膠帶固定。

正面穿入串珠
後打結。

Ⓐ 前側

底面

內

透明
膠帶

剪短牙籤＆
以透明膠帶固定。

6 從❸的孔洞中穿入一條橡皮筋，
套入牙籤再以透明膠帶固定於內側。

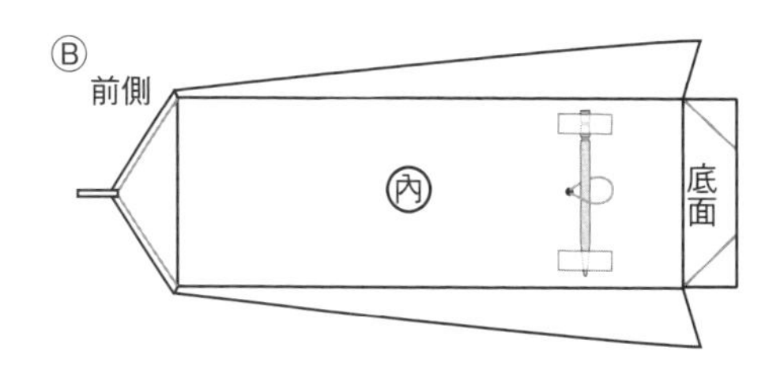

7 將覆蓋在Ⓑ上，以黏膠固定，
並將整體塗黑的面朝上。

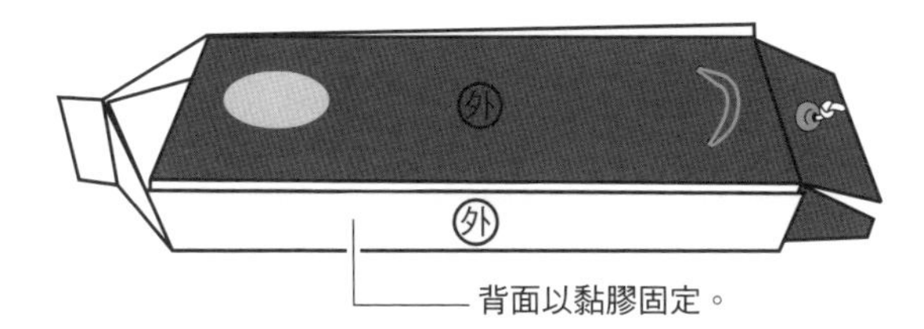

8 將黑色厚紙板裁成8cm×15cm。
在白色圖畫紙上畫好骷髏頭及交叉骨，
剪下＆貼至黑色厚紙板上，
並在上下各開一個用來穿入吸管的小洞。
另一片黑色厚紙板則依圖示剪成旗子的形狀。

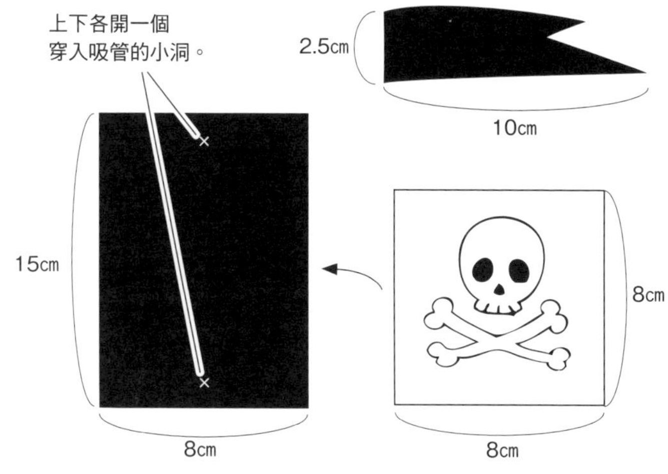

9 將吸管前端壓扁，套入另一根吸管內，
裁成27cm長後，穿入❽的厚紙板。
再將吸管頂端貼上旗子，
以膠帶固定於牛奶盒的三角形部分（★）。

27cm

以透明膠帶固定。

以透明膠帶
將吸管前端
固定於★記號處。

10 畫好寶箱圖，以糨糊貼在厚紙板上，再沿輪廓剪下。
以黏膠將U字形瓦楞紙黏在洞口，
再於瓦楞紙上塗膠，貼上寶箱將洞遮住。

U字形瓦楞紙
寬0.5cm
內側3.5cm

以透明膠帶把❾
製作的旗桿
貼在這裡。

6.5cm
5cm

沿輪廓剪下
厚紙板的寶箱，
貼在U字形
瓦楞紙上。

接續P.74→

⑪ 畫好寶劍圖後貼在瓦楞紙上，沿著輪廓切割後，將刀刃＆刀柄切開，移至裁成圓形的瓦楞紙上，再排回寶劍的形狀，但刀刃＆刀柄之間留有空隙。最後再沿著輪廓切割，在空隙夾入⑩的橡皮筋＆貼上透明膠帶固定。

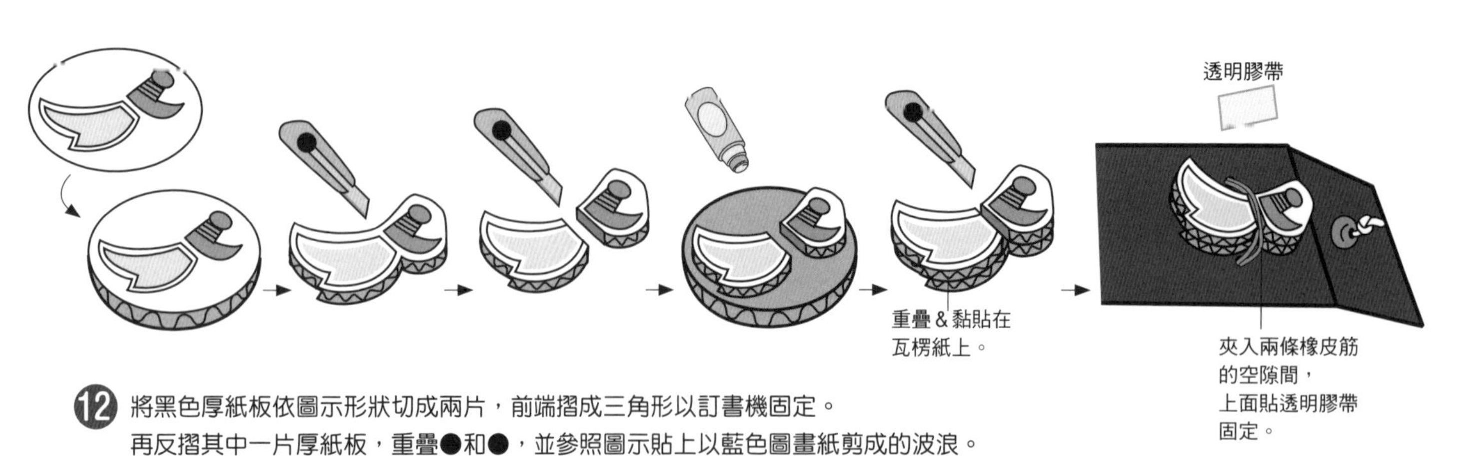

⑫ 將黑色厚紙板依圖示形狀切成兩片，前端摺成三角形以訂書機固定。
再反摺其中一片厚紙板，重疊●和●，並參照圖示貼上以藍色圖畫紙剪成的波浪。

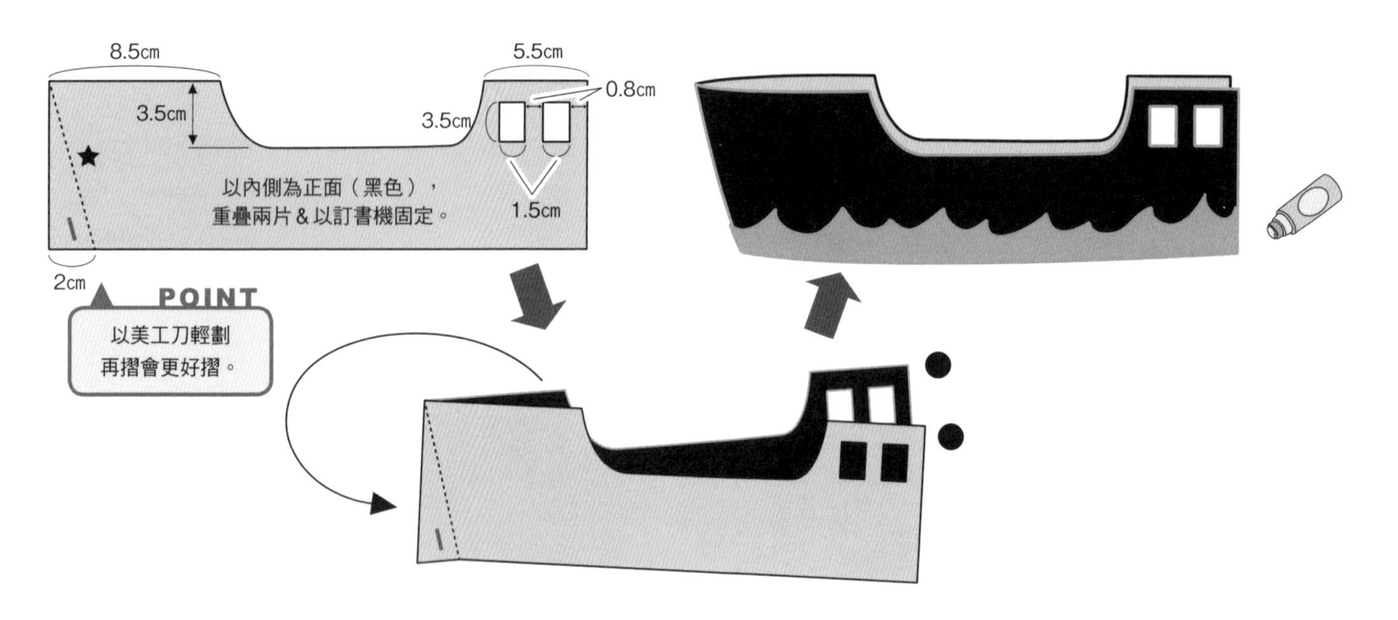

⑬ 將銀色的色紙畫上船錨，貼在厚紙板上後剪下，再以黏膠貼到圖示位置。

P.22

26

招來幸運♡

上帝之眼

完成尺寸

長／11.5㎝・寬／11.5㎝

工具

剪刀、黏膠

材料

段染毛線（顏色隨喜好）⋯⋯ 1球
冰棒木棍⋯⋯⋯⋯⋯⋯ 2支

❶ 以黏膠將兩根冰棒木棍黏成十字狀，
毛線依圖示方向繞三圈。

❷ 與❶反方向再繞三圈，
接著依箭頭方向將線繞過線端。

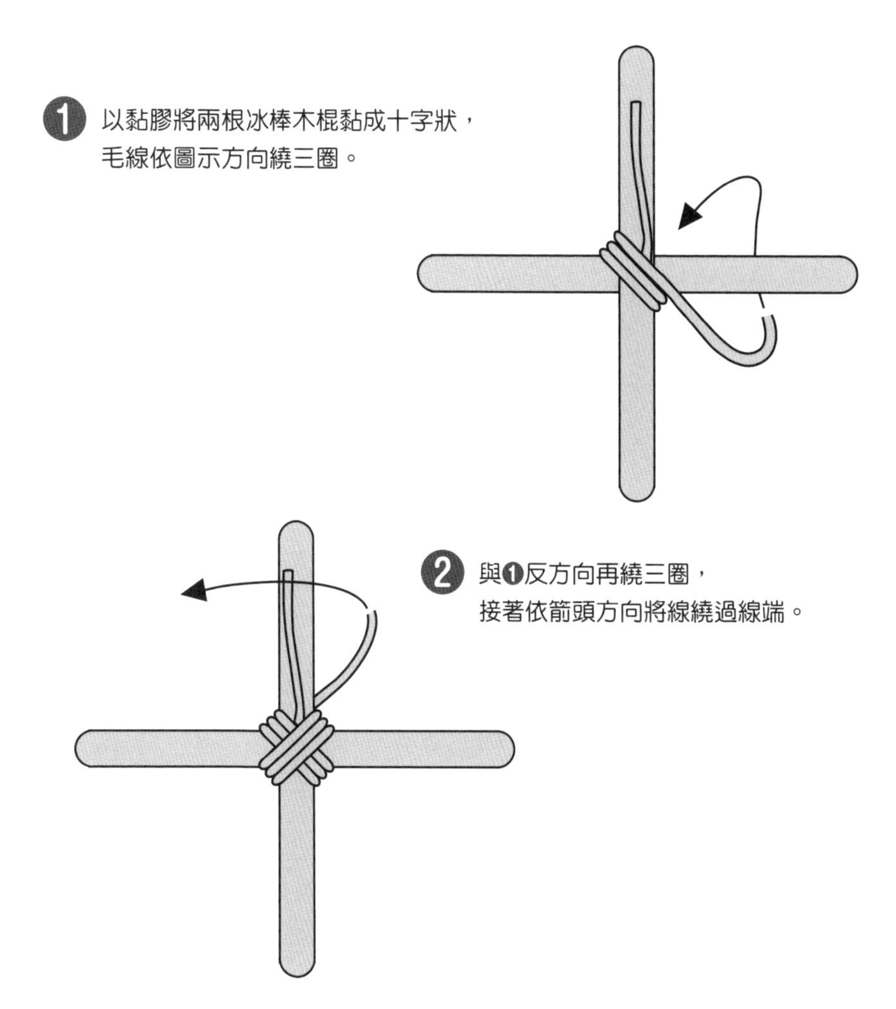

❸ 將線拉往2的方向繞一圈，3和4也依相同方式繞一圈。
移至下一根木棍時，毛線是穿過木棍下方再往上繞。

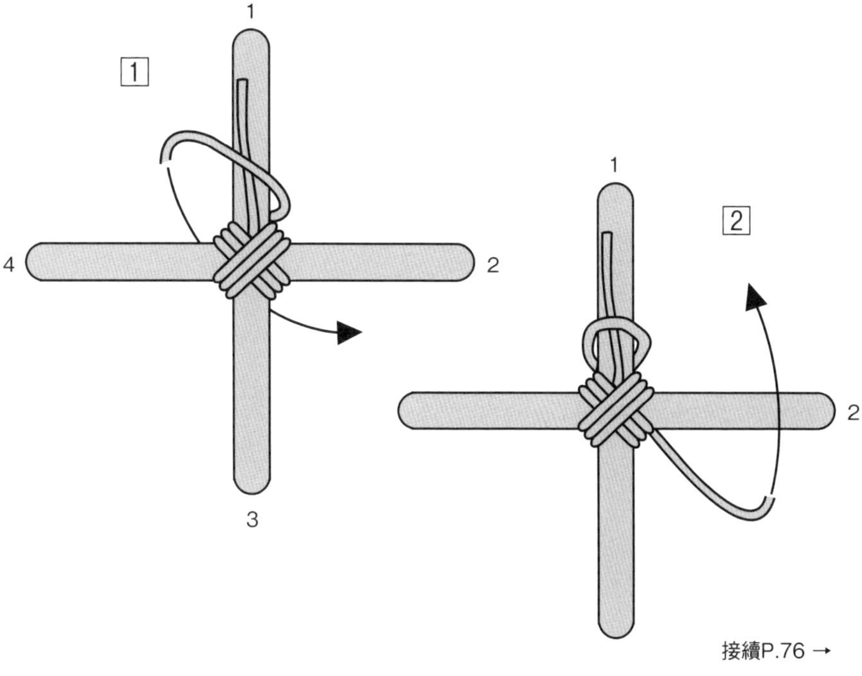

接續P.76 →

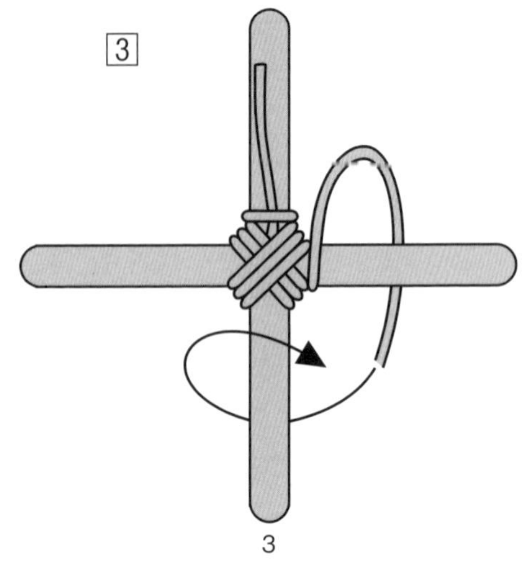
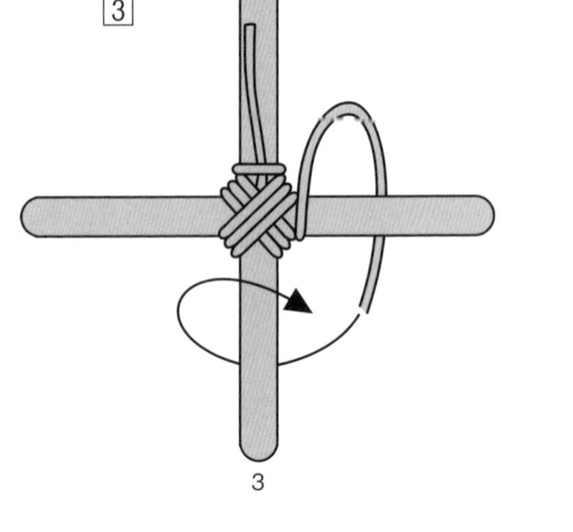

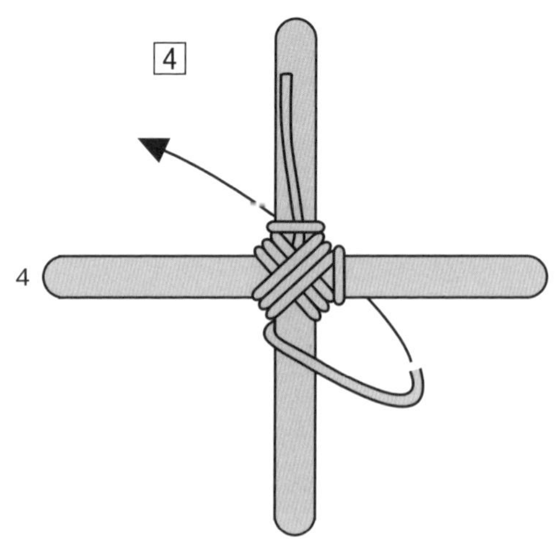

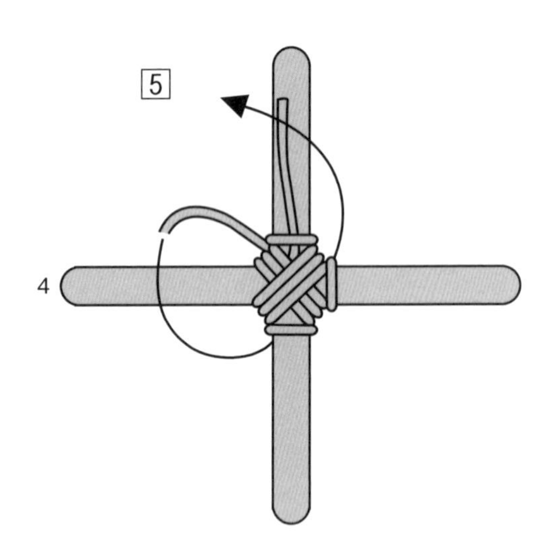

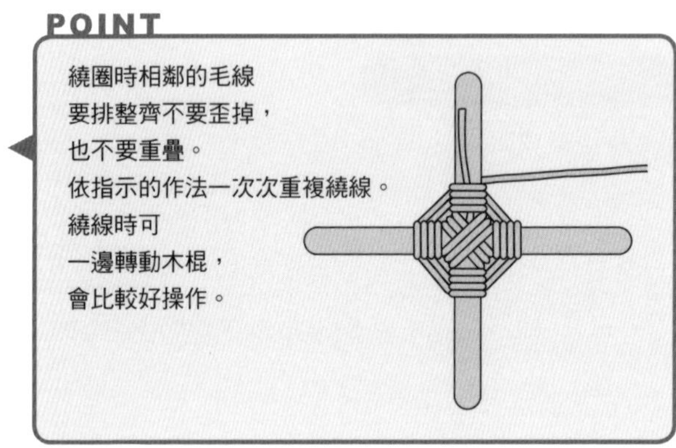

POINT

繞圈時相鄰的毛線
要排整齊不要歪掉，
也不要重疊。
依指示的作法一次次重複繞線。
繞線時可
一邊轉動木棍，
會比較好操作。

❹ 將四個方向各繞一周後，重複1至5的動作。

❺ 繞到距木棍端約1cm時，線圈不要繞太緊，
依圖所示穿入毛線。

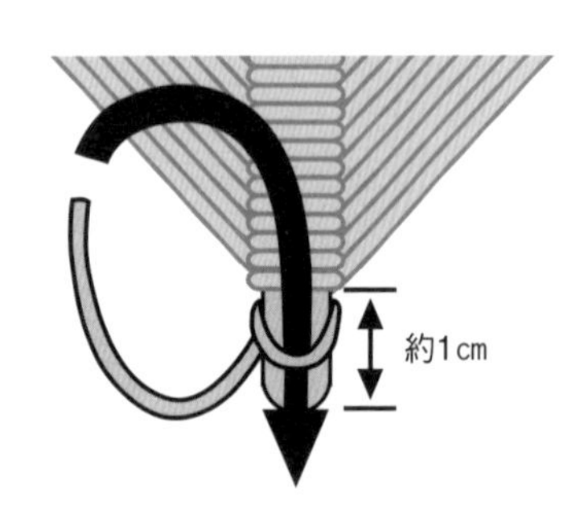

❻ 毛線預留長一點後剪斷，塗少許黏膠，
將毛線末端黏在木棍上。

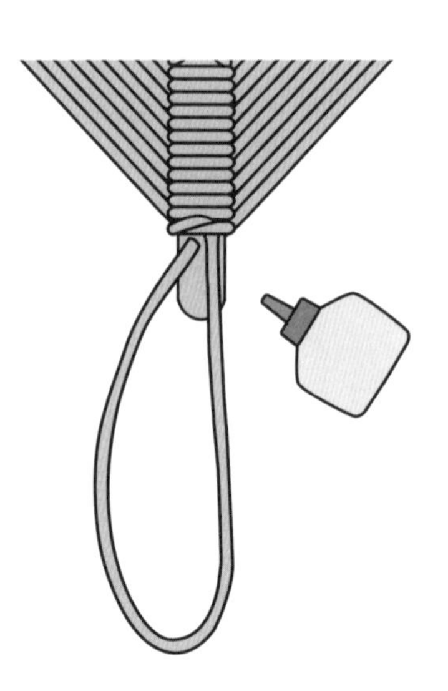

P.23 27 28

大家一起來演奏！

自製可吹能彈的傳統樂器

完成尺寸

27 非洲卡祖笛

‥‥‥‥‥‥‥‥‥‥‥‥‥‥高／20cm・寬／35cm

28 可調音☆二弦魯特琴

‥‥‥‥‥‥‥‥‥‥‥‥‥‥高／20cm・寬／35cm

工具

剪刀、熱熔膠、透明膠帶、電鑽、錐子

材料

27 非洲卡祖笛

500mℓ的寶特瓶（硬質）‥‥‥‥‥‥‥ 1個
橡皮管（14cm）‥‥‥‥‥‥‥‥‥‥‥‥ 1個
膠帶‥‥‥‥‥‥‥‥‥‥‥‥‥‥‥‥‥‥‥‥ 適量
透明膠布或塑膠袋（2cm×3cm）‥ 1個
毛根（20cm）‥‥‥‥‥‥‥‥‥‥‥‥‥ 1根
貼紙‥‥‥‥‥‥‥‥‥‥‥‥‥‥‥‥‥‥‥‥ 適量

28 可調音☆二弦魯特琴

泡麵等空碗‥‥‥‥‥‥‥‥‥‥‥‥‥‥‥ 1個
瓦楞紙（30cm正方形）‥‥‥‥‥‥‥ 1片
風箏線（1mm粗）‥‥‥‥‥‥‥‥‥‥‥ 50cm
水線（0.6mm粗）‥‥‥‥‥‥‥‥‥‥‥ 50cm
紅酒軟木塞‥‥‥‥‥‥‥‥‥‥‥‥‥‥‥ 1個
翼型螺絲‥‥‥‥‥‥‥‥‥‥‥‥‥‥‥‥ 2個
木棒（長45cm・直徑1cm）‥‥‥‥ 1根

【27 非洲卡祖笛】

1 以美工刀將500mℓ的寶特瓶沿圖示的虛線切割，並在切割面上黏貼膠帶。

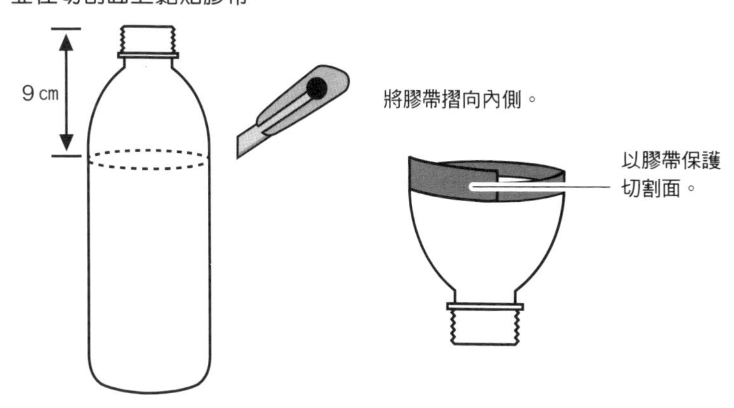

2 以美工刀將軟橡皮切成14cm長，再依圖示在管子上挖一個四角形的洞。

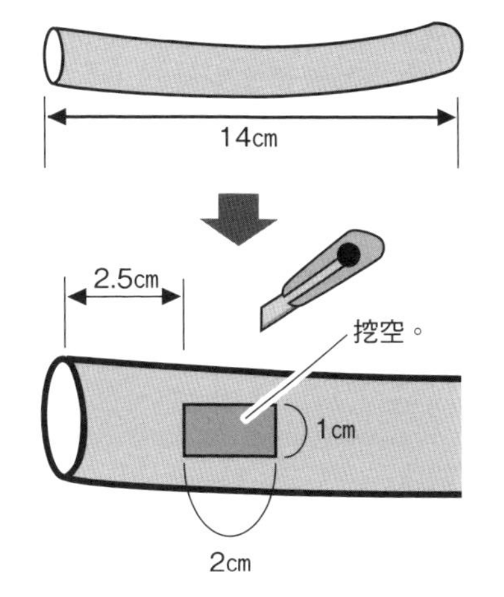

3 在挖空處貼上透明膠布，四周以透明膠帶密封，不要留下縫隙。

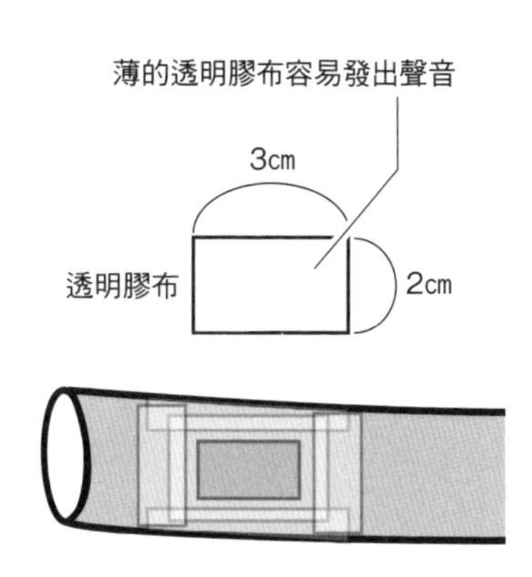

4 將橡皮管的一端插入寶特瓶口。

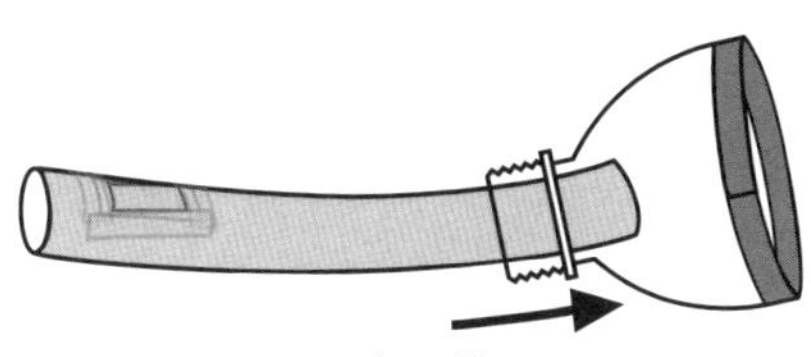

5 以膠帶纏緊，避免橡皮管與寶特瓶口出現縫隙。

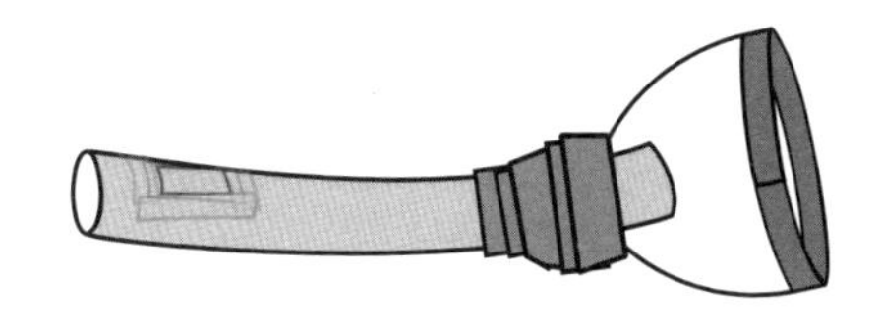

6 點綴毛根＆貼紙。

【28 可調音☆二弦魯特琴】

❶ 電鑽以3㎜的刀頭在木棒距頂端5㎝和6㎝的位置鑽兩個不貫穿的孔，
鎖上翼型螺絲。

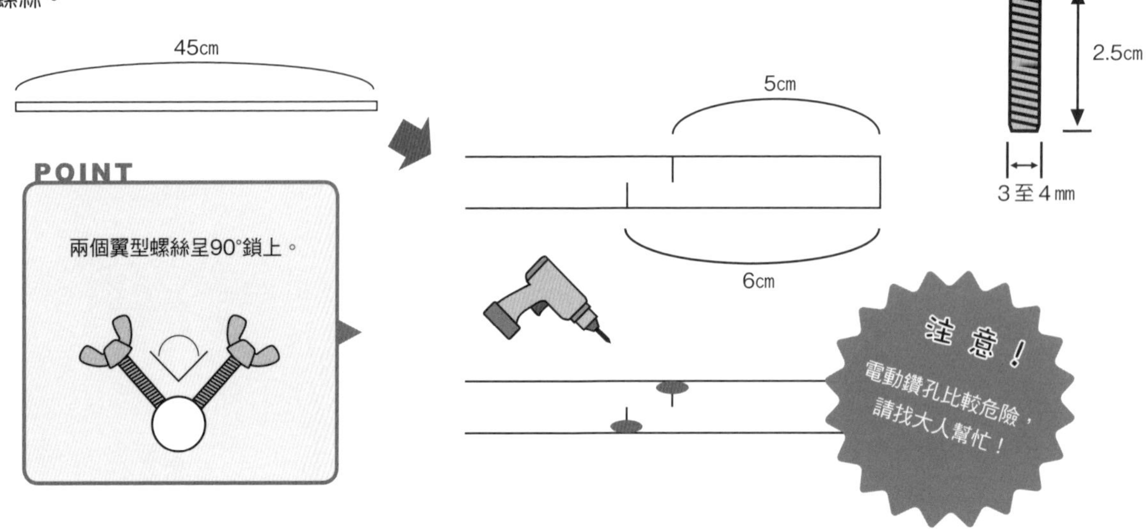

❷ 依圖示將泡麵碗之類的容器倒扣在瓦楞紙上，
將瓦楞紙裁成圓形，再挖開一個直徑5㎝大的圓洞。

❸ 以錐子在碗上鑽兩個洞用來穿入木棒。
洞不要太大，以免產生空隙。

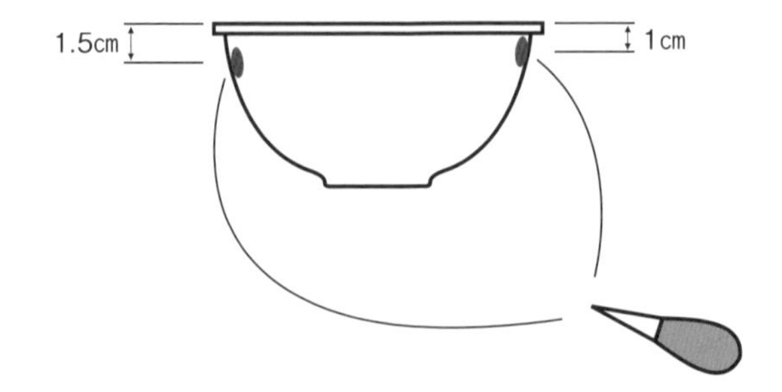

❹ 依圖示穿入木棒，
使木棒呈現斜傾的模樣。

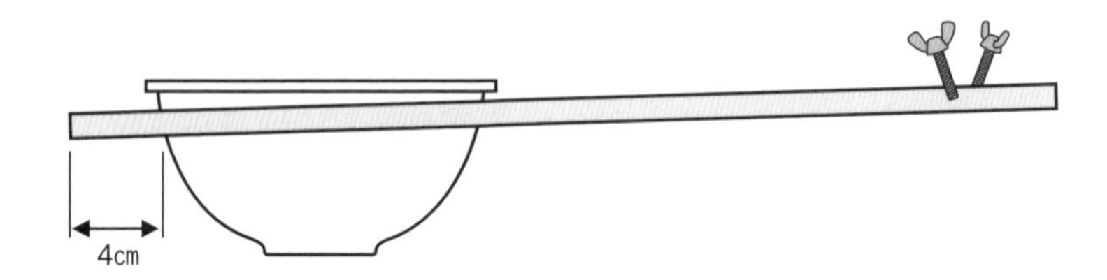

❺ 以熱熔膠將木棒與碗牢牢黏住。

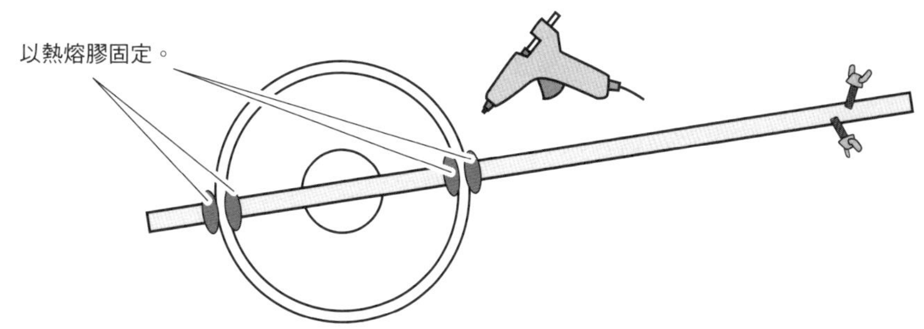

❻ 將❷的圓形瓦楞紙蓋在碗上，以熱熔膠確實黏牢。

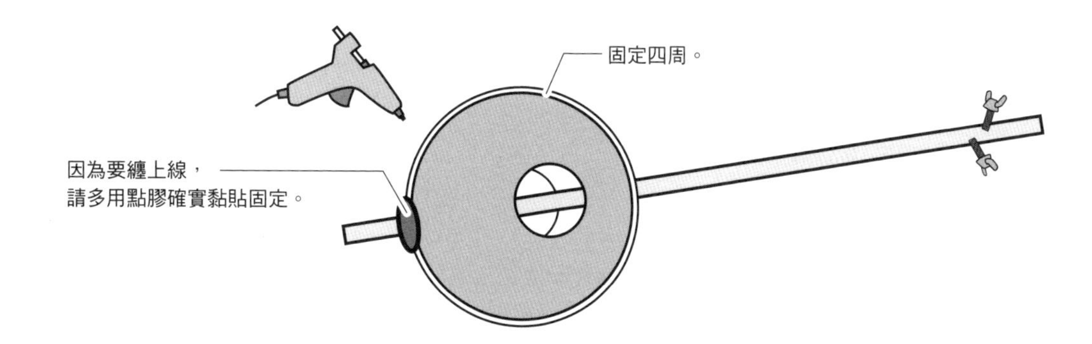

❼ 以1㎜粗的風箏線＆0.6㎜粗的水線作為琴弦。
各以剪刀裁成50㎝長，兩端打上圈環。

風箏線（1㎜粗）

水線（0.6㎜粗）

穿過圈環拉線。

❽ 將線掛在木棒＆翼型螺絲上，
並在瓦楞紙＆琴弦之間夾入軟木塞。

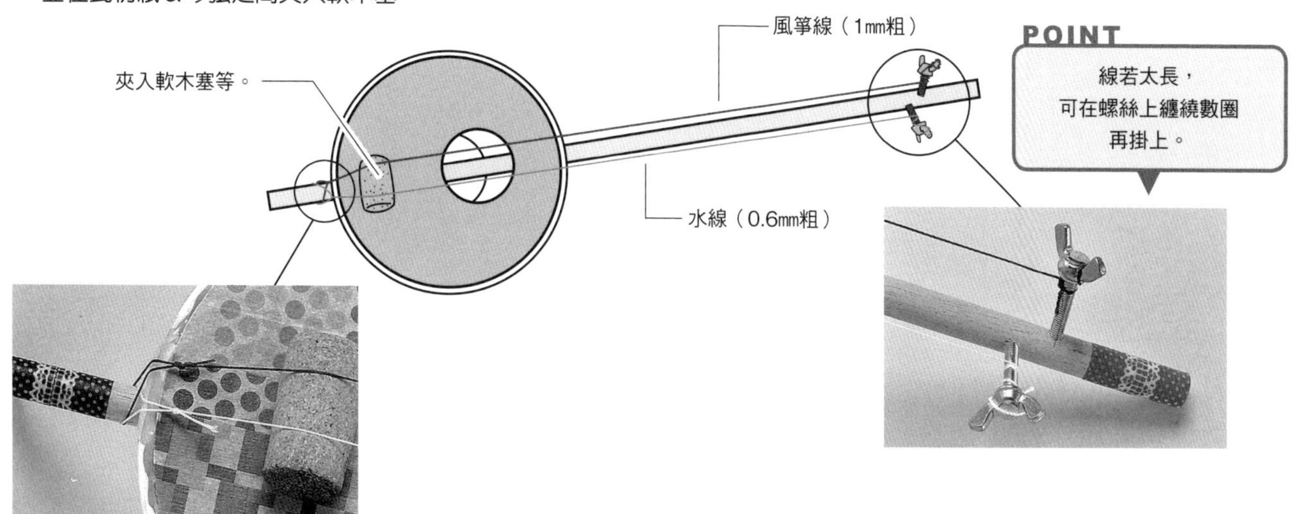

P.24

29至31

可愛的手作尺寸

造型燭台

完成尺寸

29 可愛兔兔

……………… 寬／4cm・高／6cm

30 漂亮住家

……………… 寬／4cm・高／11.5cm

31 美式小教堂

……………… 寬／4cm・高／9cm

工具

剪刀、美工刀、黏膠、尺、筆記用具

材料

29 可愛兔兔

捲筒衛生紙芯	1個
白布（長10cm×寬13cm）	1片
蕾絲	適量
緞帶	適量
圖畫紙或厚紙板	1張
LED燈	1個

30 漂亮住家

捲筒衛生紙芯	1個
白布（長10cm×寬13cm）	1片
圖畫紙	1張
人造皮	適量
轉印貼紙	適量
LED燈	1個

31 美式小教堂

捲筒衛生紙芯	1個
白布（長10cm×寬13cm）	1片
圖畫紙或厚紙板	1張
LED燈	1個

【29 可愛兔兔】

1 以圖畫紙或厚紙板依圖示製作紙型。

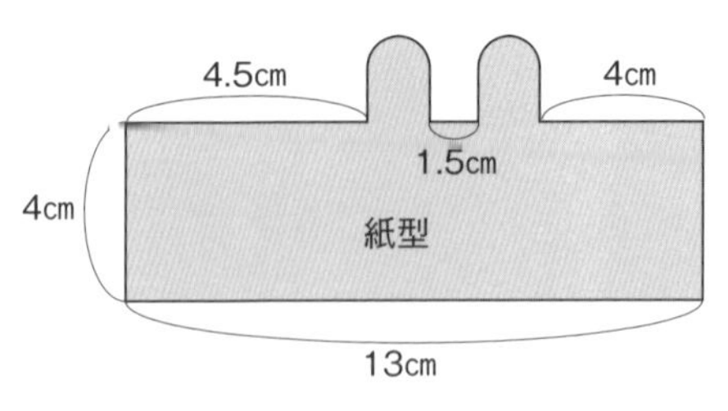

2 將紙型放在白布上，以剪刀裁剪。

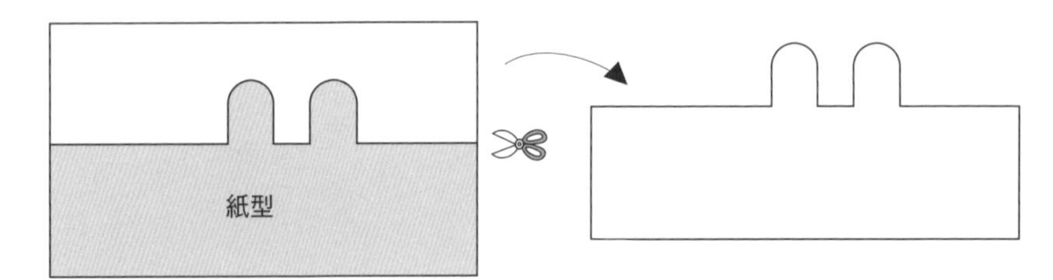

3 將❶的紙型套在捲筒衛生紙芯上，以鉛筆描圖，再以剪刀或美工刀裁切。

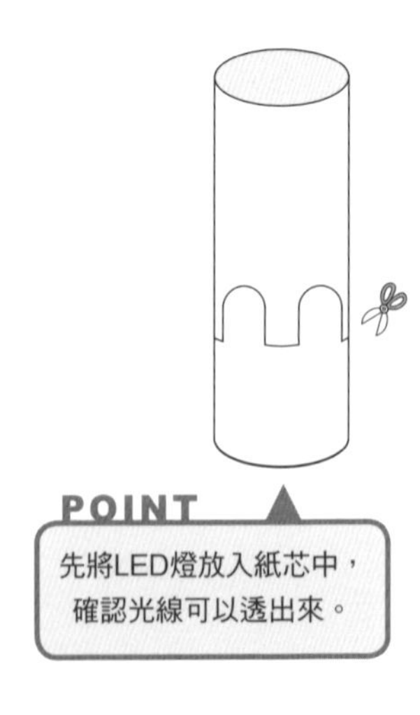

4 將❸塗上黏膠，以手指抹勻後貼上白布。

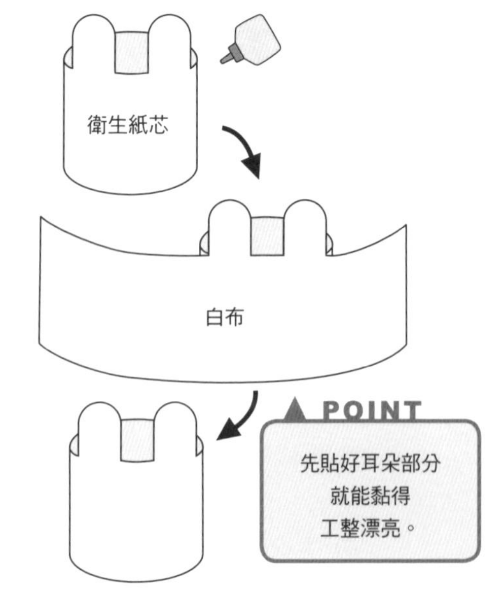

5 以筆畫上兔兔的臉。畫好眼睛＆鼻子後，黏貼蕾絲＆緞帶作為裝飾。

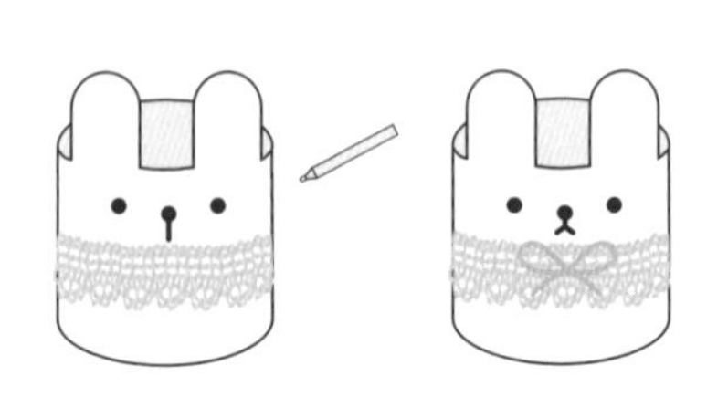

6 罩住LED燈。

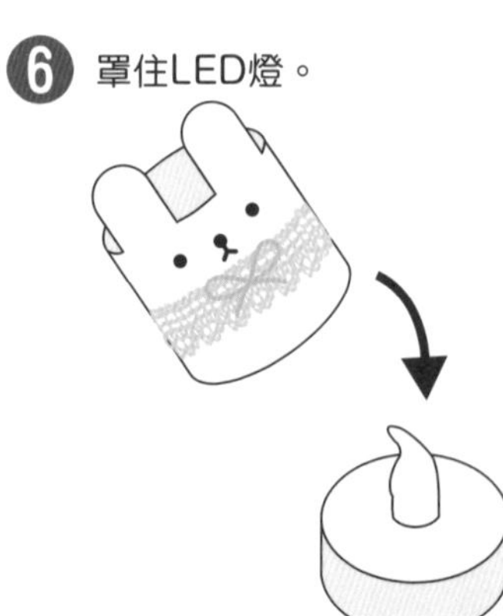

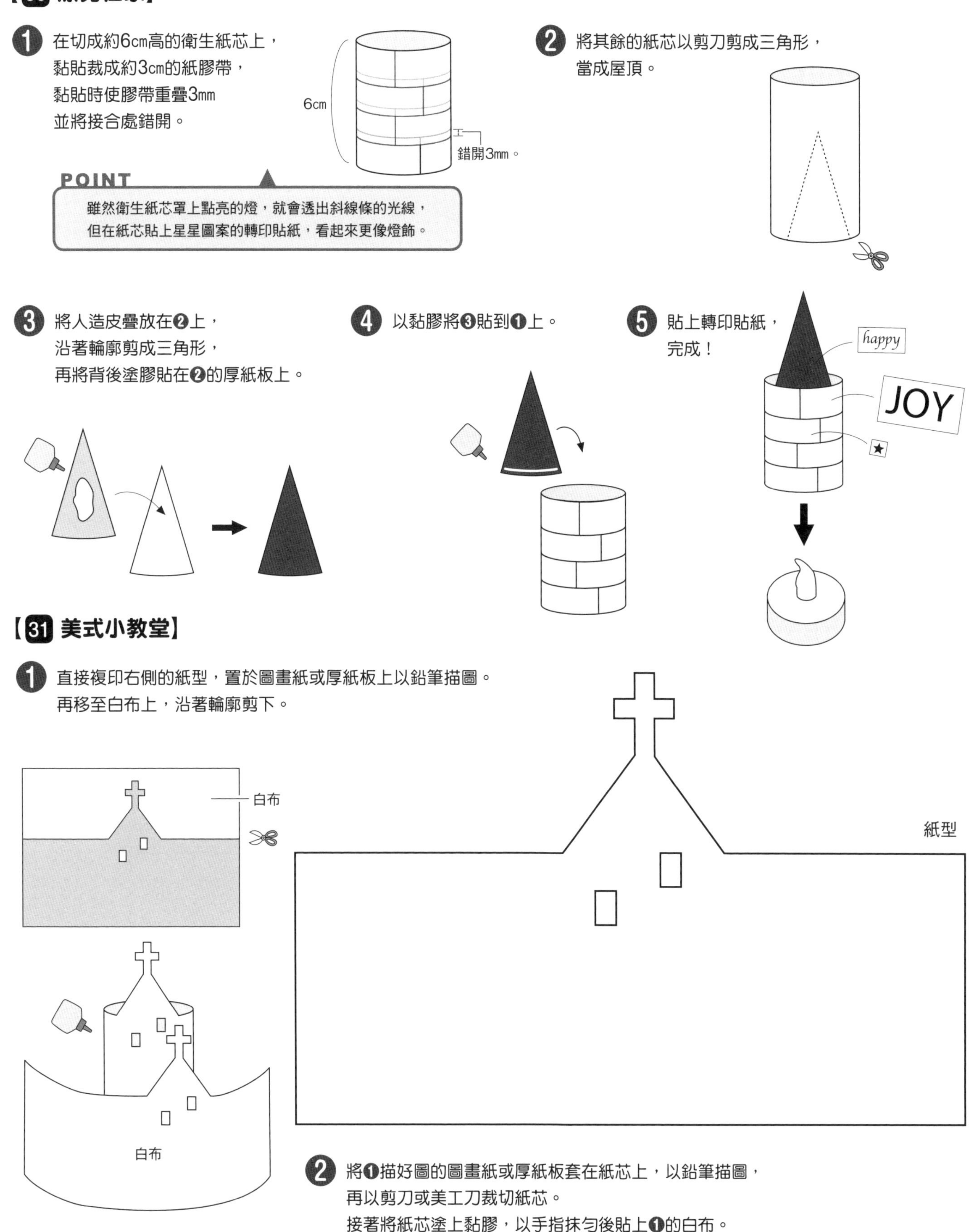

【30 漂亮住家】

❶ 在切成約6cm高的衛生紙芯上，
黏貼裁成約3cm的紙膠帶，
黏貼時使膠帶重疊3mm
並將接合處錯開。

POINT

雖然衛生紙芯罩上點亮的燈，就會透出斜線條的光線，
但在紙芯貼上星星圖案的轉印貼紙，看起來更像燈飾。

❷ 將其餘的紙芯以剪刀剪成三角形，
當成屋頂。

❸ 將人造皮疊放在❷上，
沿著輪廓剪成三角形，
再將背後塗膠貼在❷的厚紙板上。

❹ 以黏膠將❸貼到❶上。

❺ 貼上轉印貼紙，
完成！

【31 美式小教堂】

❶ 直接複印右側的紙型，置於圖畫紙或厚紙板上以鉛筆描圖。
再移至白布上，沿著輪廓剪下。

❷ 將❶描好圖的圖畫紙或厚紙板套在紙芯上，以鉛筆描圖，
再以剪刀或美工刀裁切紙芯。
接著將紙芯塗上黏膠，以手指抹勻後貼上❶的白布。

P.25 32

在陽光照射下璀燦閃亮☆

彩虹色的圈環

完成尺寸

長／7cm・寬／7cm
高／2.5cm

工具

剪刀、糨糊、透明膠帶、雙面膠

材料

紙管或封箱膠帶芯 …… 1個
※如果是寬度較小的透明膠帶芯
就使用2個。
描圖紙 …… 1張
彩色玻璃紙 …… 8至9種顏色
無膠紙帶（銀） …… 1張
膠帶（黑） …… 適量
彈珠 …… 2顆

❶ 將紙管任一端的剖面塗上黏膠。

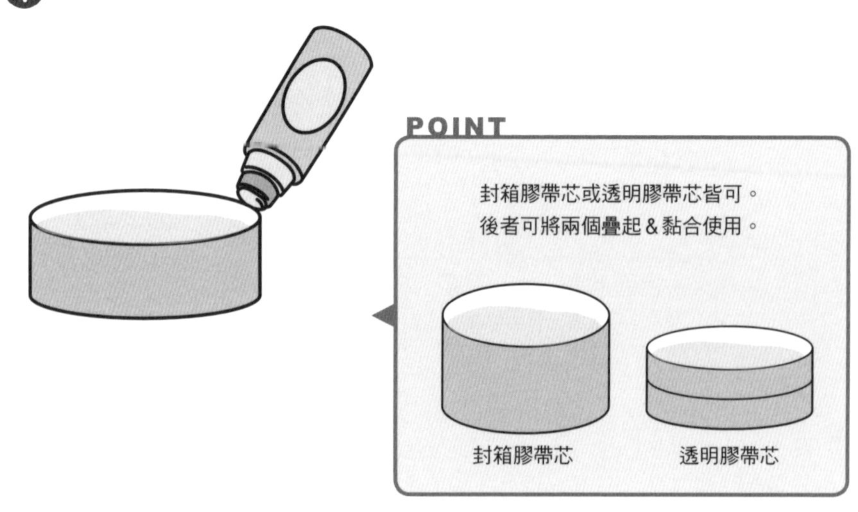

❷ 將塗膠面朝下放在描圖紙上，黏貼固定。

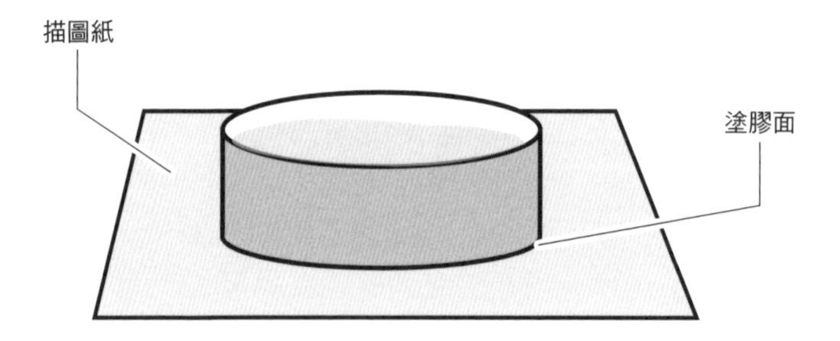

❸ 在裁成與紙筒周邊等大的銀色無膠紙帶背面貼上雙面膠。

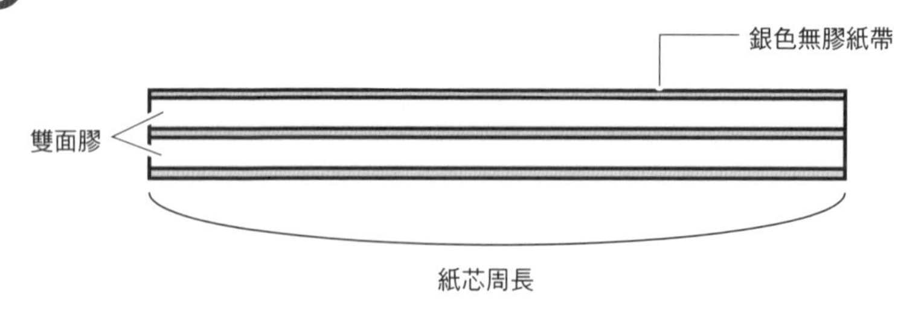

❹ 撕下雙面膠的離型紙，貼至❷的紙管內側。

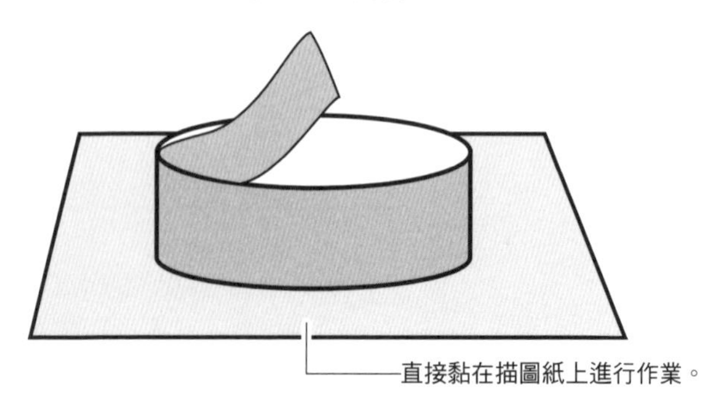

❺ 以剪刀將彩色玻璃紙剪成2cm×9.5cm，再依圖示重疊交錯黏貼。
預留一個放入彈珠的洞不貼。

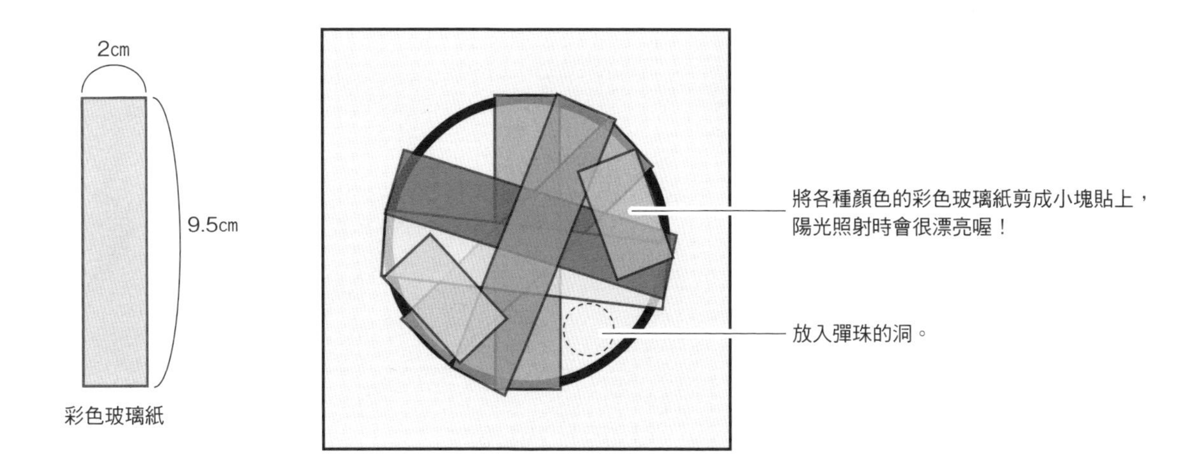

❻ 以透明膠帶將彩色玻璃紙的邊端
固定在紙管上。

以透明膠帶固定。

❼ 將❻翻面，沿著紙管邊緣修剪描圖紙。

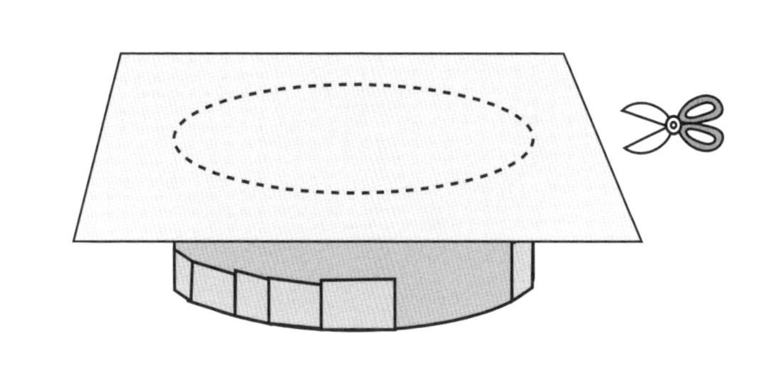

❽ 從❺預留的洞放入兩顆彈珠，
再以彩色玻璃紙封住。

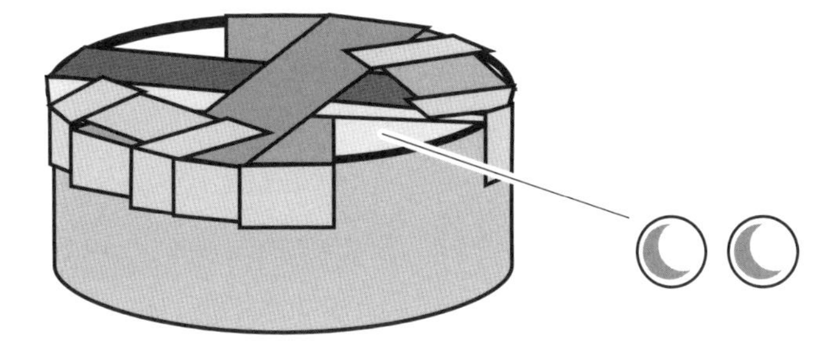

❾ 將側面纏上黑色膠帶。

P.26
33

甜點店氛圍！

繽紛♡派對甜點

完成尺寸

〈人氣水果蛋糕〉
‥‥‥‥長／3cm・寬／3cm・高／5cm

〈蛋糕店〉
‥‥‥寬／20cm・高／22cm・深／7cm

工具

美工刀、工藝用膠、雙面膠、尺、針

材料

〈蛋糕〉

不織布（黃・紅・綠・橘）‥‥‥‥‥‥‥‥‥‥‥‥各1片

三層海綿（黃綠・粉紅・黃）‥‥‥‥‥‥‥‥‥‥‥‥各1個

繡線（白・黃・橘・紅）‥‥‥‥適量

〈其他材料〉

珍珠‥‥‥‥‥‥‥‥‥‥‥‥‥‥‥‥適量

不織布花片（大・小）‥‥‥‥適量

不織布鈕釦（大）‥‥‥‥‥‥‥適量

棉花‥‥‥‥‥‥‥‥‥‥‥‥‥‥‥‥適量

＜蛋糕店＞

牛奶盒‥‥‥‥‥‥‥‥‥‥‥‥‥‥2個

布‥‥‥‥‥‥‥‥‥‥‥‥‥‥‥3至4種

心形不織布（紅）‥‥‥‥‥‥‥1個

繡線（黃）‥‥‥‥‥‥‥‥‥‥‥適量

【通用】

❶ 以尺＆美工刀筆直地切割三層海綿。
美工刀不要前後移動，切口才會工整。

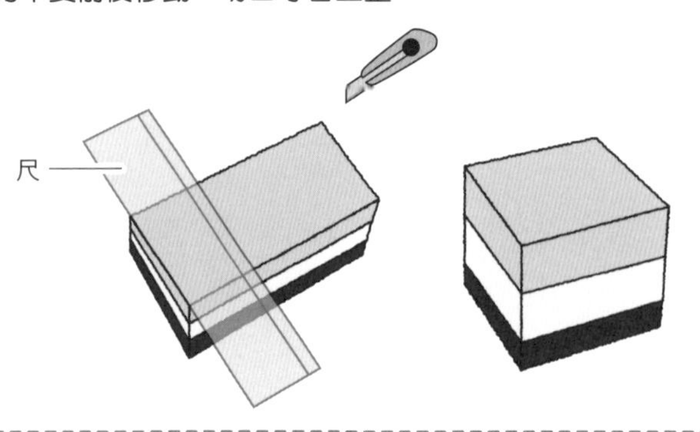

【人氣水果蛋糕】

Ⓐ香蕉巧克力

❶ 將黃色不織布剪成兩個圓片，以手工藝膠黏合。

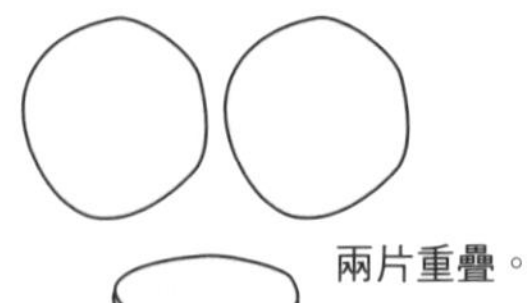

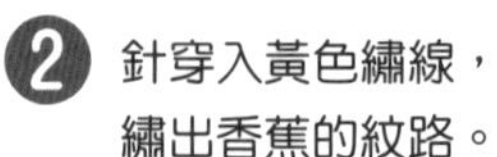

❷ 針穿入黃色繡線，繡出香蕉的紋路。

POINT 取2股繡線進行刺繡。

❸ 將❷的香蕉與不織布花片鋪在海綿上，以手工藝膠固定。

Ⓑ抹茶橘子

❶ 將橘色不織布剪出兩片圖示的形狀，再將黃色不織布剪得比橘色大一圈（僅一片）。接著依圖示以手工藝膠將三片重疊黏合。

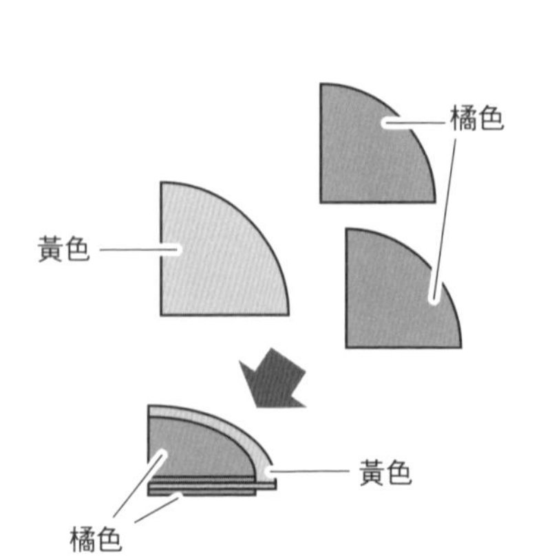

❷ 針穿入黃色繡線，繡出橘子的紋路。

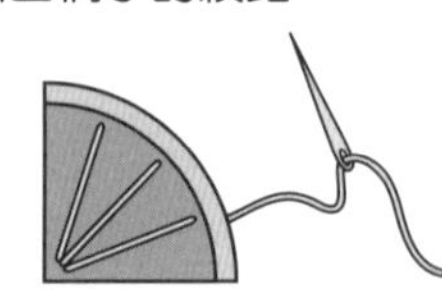

❸ 將❷＆不織布花片鋪在海綿上，以手工藝膠固定。

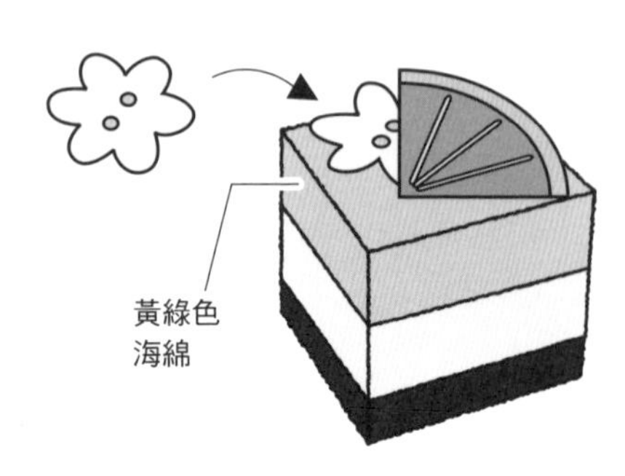

Ⓒ國王草莓

❶ 將紅色不織布
剪成兩片草莓的形狀，
再各自以線縫上白色種子。

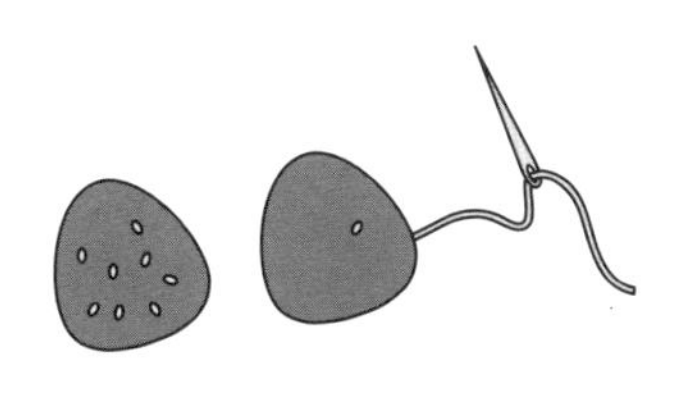

❷ 將❶重疊縫合四周，
縫到最後預留空隙，
塞入棉花後再將空隙縫合。

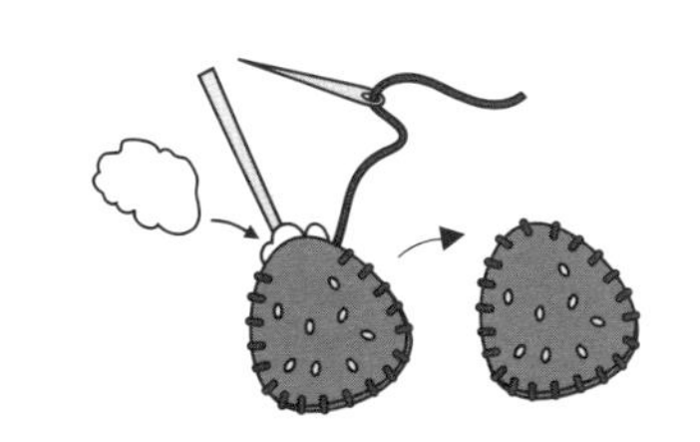

❸ 將剪成葉片狀的不織布
與❷的草莓重疊，最後再以
手工藝膠黏上一顆大珍珠。

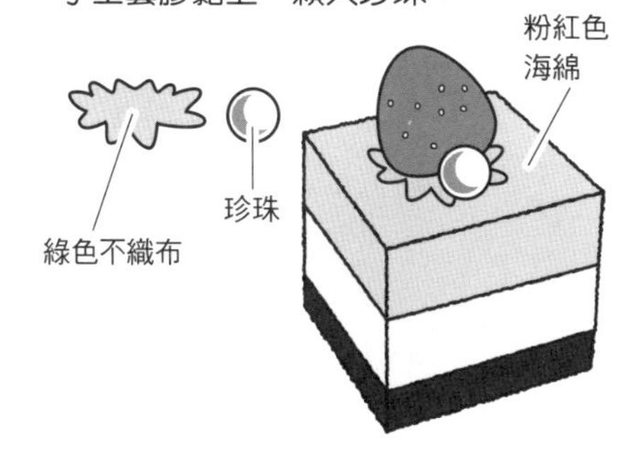

Ⓓ橘子肉桂

❶ 將橘色不織布剪出兩片
如圖所示的形狀，
再將黃色不織布
剪得比橘色大一圈（僅一片）。
接著依圖示以手工藝膠
將三片重疊黏合。

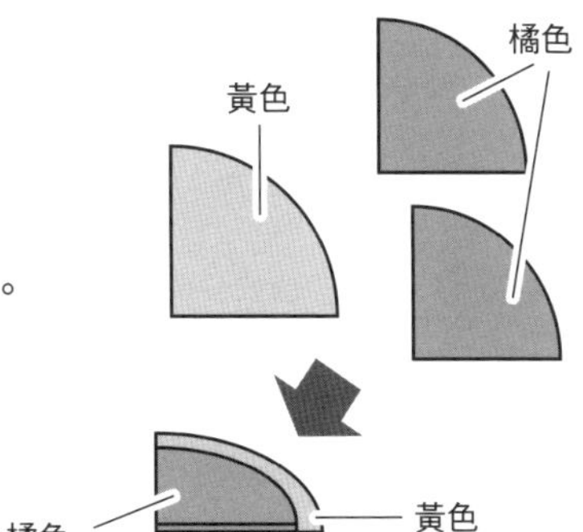

❷ 針穿入黃色繡線，繡出橘子的紋路。

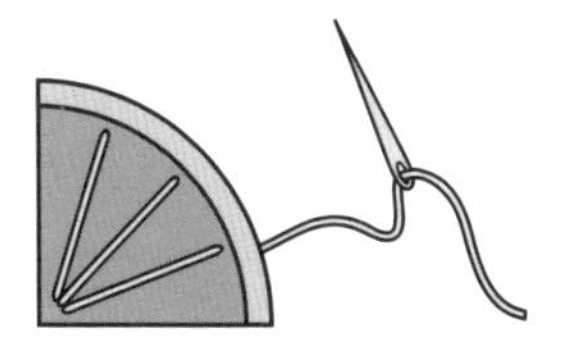

❸ 如圖所示將長5cm・寬3cm的茶色不織布捲起來，
纏上茶色繡線，作成肉桂，
再以手工藝膠固定在海綿上。

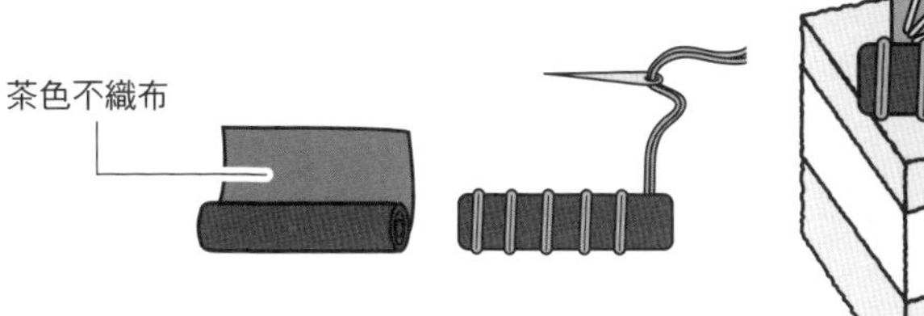

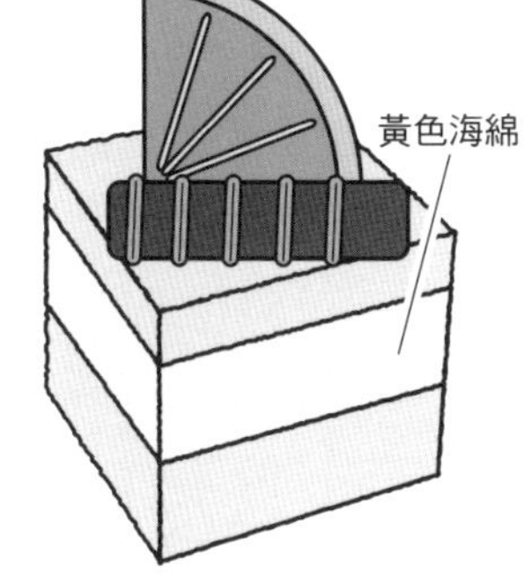

Ⓔ奇異果水果蛋糕

❶ 將黃綠色不織布剪出兩片
如圖所示的形狀，
再將綠色不織布
剪得比黃綠色大一圈。

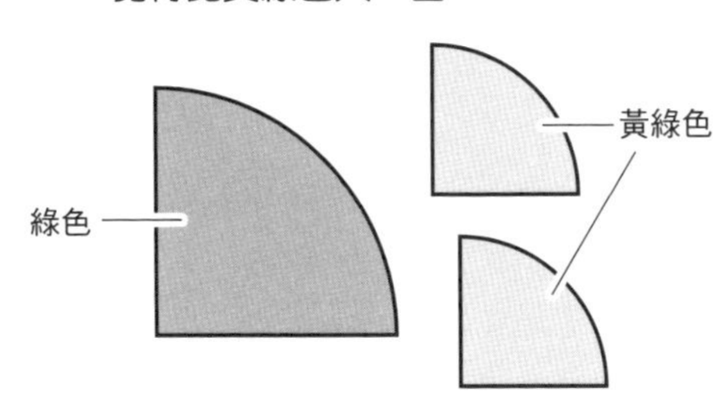

❷ 將❶的三片不織布依圖示重疊，
以手工藝膠黏合。

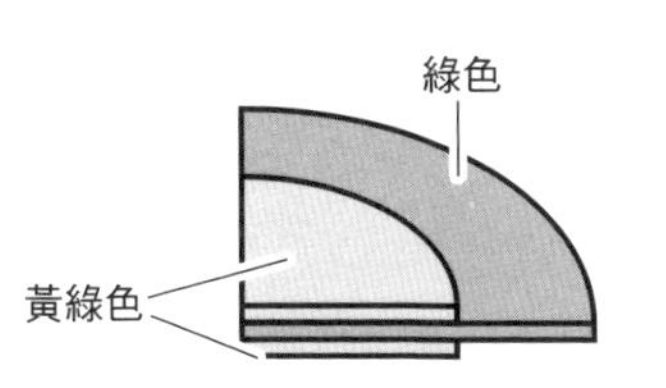

❸ 以2股黃色繡線
繡出奇異果的紋路。

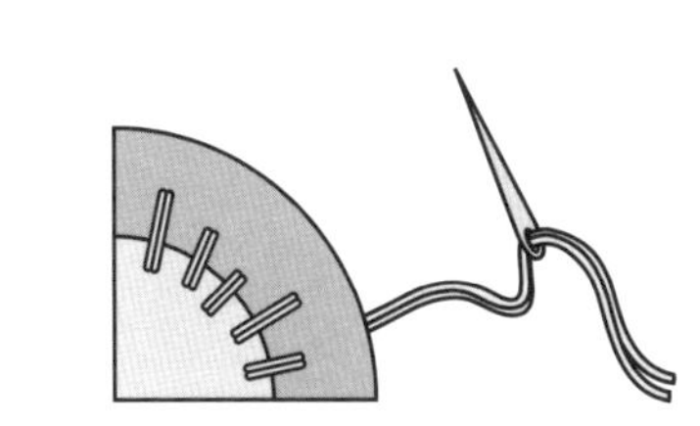

❹ 將彩色毛球（小）、不織布鈕釦
及❸鋪在海綿上，以手工藝膠固定。

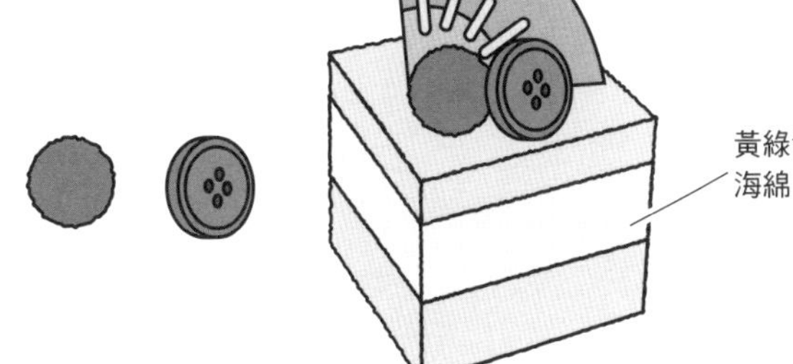

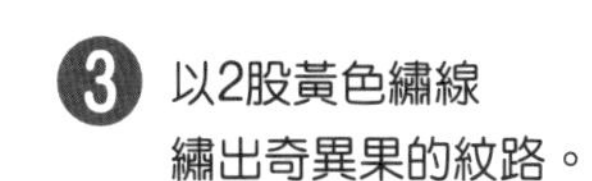

接續P.86→

【其他蛋糕】

裁切海綿，再依喜好裝飾。
請先確認想作的蛋糕需要哪些材料，事先備妥所需物品。

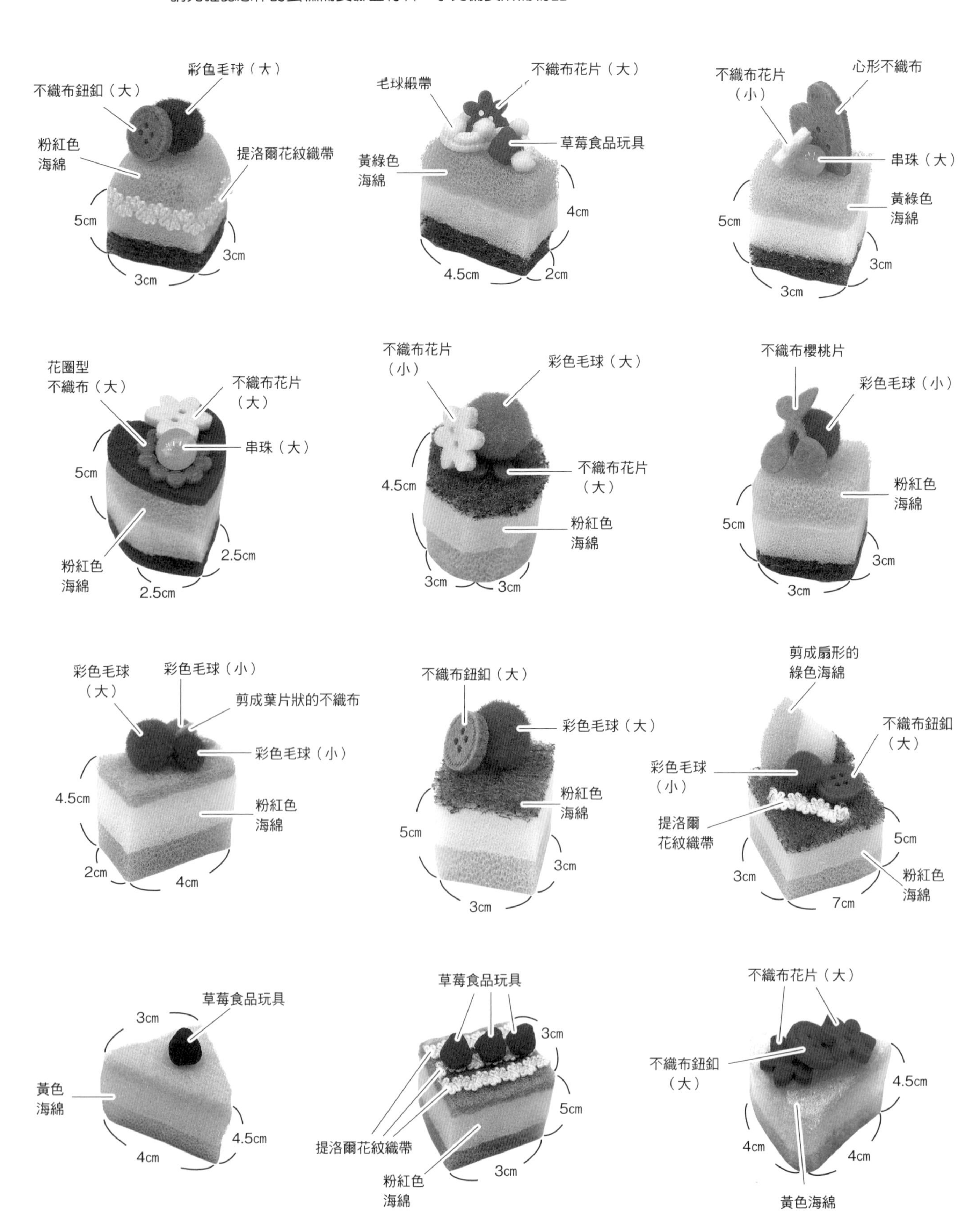

【甜點店】

❶ 依圖所示裁剪兩個牛奶盒。

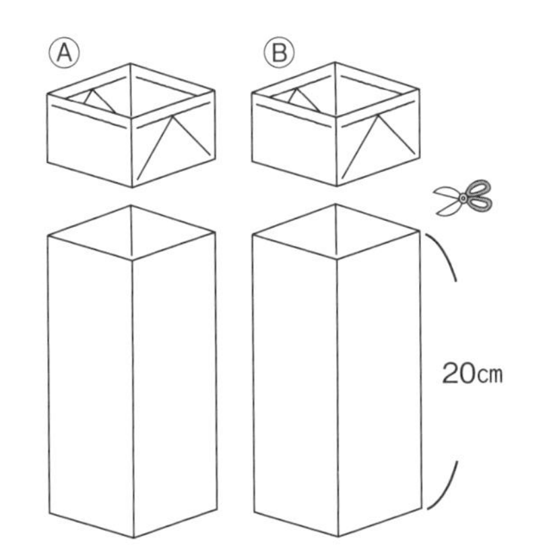

❷ Ⓐ是在兩片側面與底面相連的狀態下以剪刀剪開，再沿①和②的虛線進行裁剪。

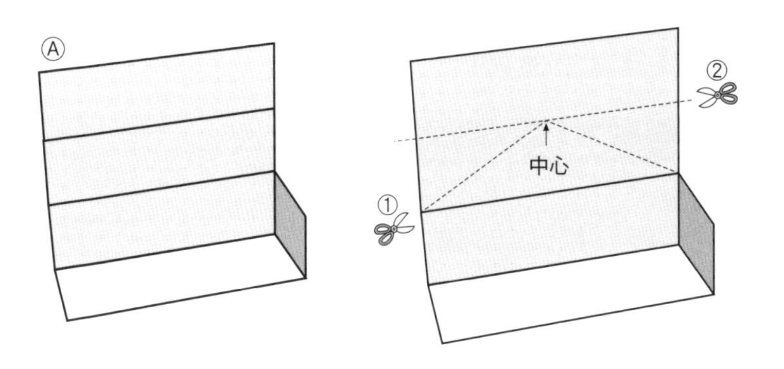

❸ Ⓑ是剪掉一片側面，剪成如圖所示的形狀，再在上面黏貼雙面膠。

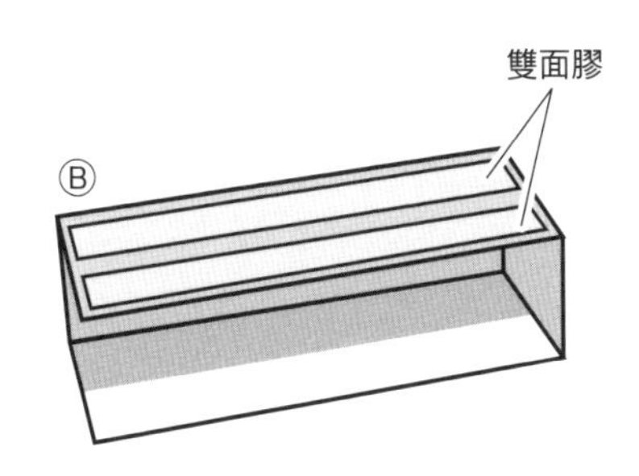

❹ 將喜歡的布片以雙面膠貼在Ⓐ上，再疊放Ⓑ＆貼上。

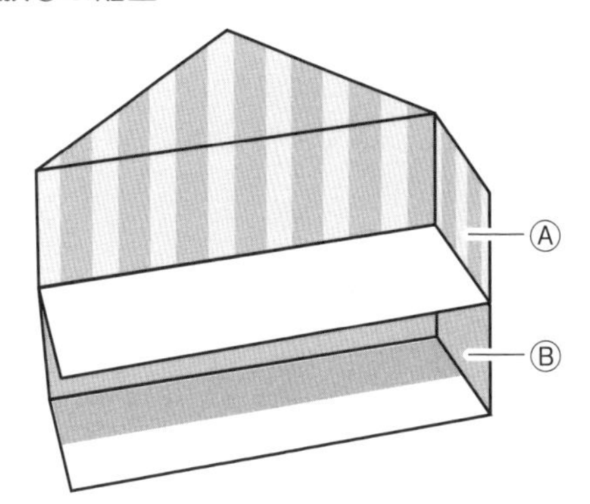

❺ 將❸剪下的一片側面摺成山形，當成屋頂。長度不夠的部分以透明膠帶連接Ⓐ用剩的牛奶盒。

❻ 1樓的部分＆背側皆以雙面膠貼上喜歡的布片。

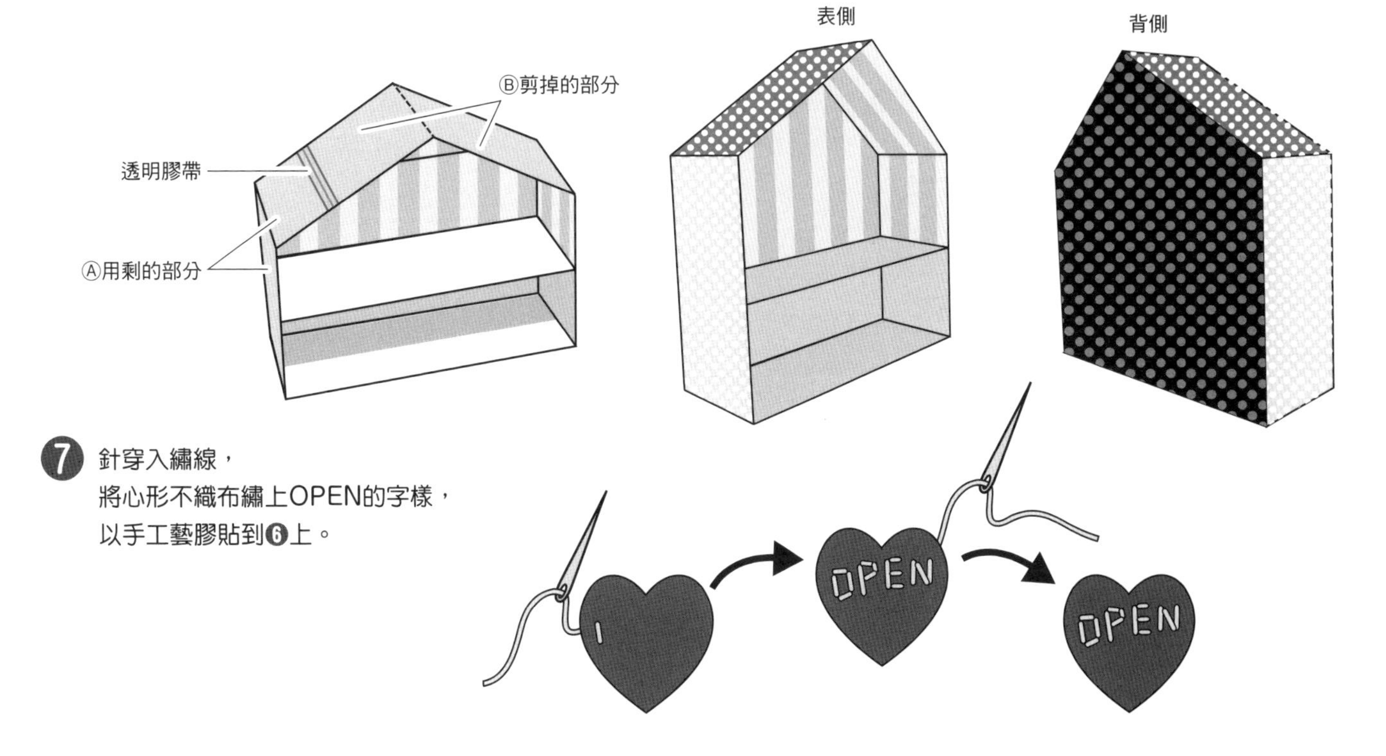

❼ 針穿入繡線，
將心形不織布繡上OPEN的字樣，
以手工藝膠貼到❻上。

P.28

34

令人心跳加速的遊戲！

火箭砲＆小標靶

完成尺寸

火箭砲

‥‥長／28cm・寬／6.5cm・高／17cm

小標靶‥‥‥‥長／10cm・寬／9cm

工具

剪刀、美工刀、色鉛筆

材料

〈火箭砲〉

圓筒餅乾罐（14cm）‥‥‥‥2個

細長形紙盒‥‥‥‥1個

膠帶（黑）‥‥‥‥適量

氣球‥‥‥‥1個

保麗龍盤‥‥‥‥1至2個

貼紙‥‥‥‥適量

〈小標靶〉

影印紙（A4）‥‥‥‥2張

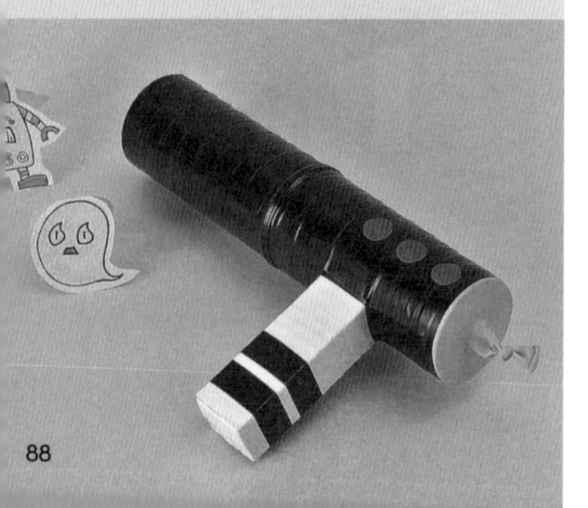

❶ 在一個圓筒餅乾罐的底面放上1圓銅板畫圓，再以美工刀挖空。

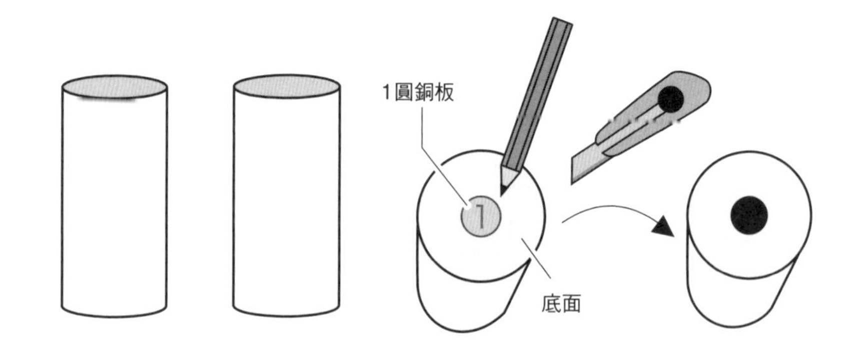

❷ 將另一個餅乾罐切掉底面，變成中空的筒狀。

❸ 以膠帶將❶和❷牢固地接連黏合。

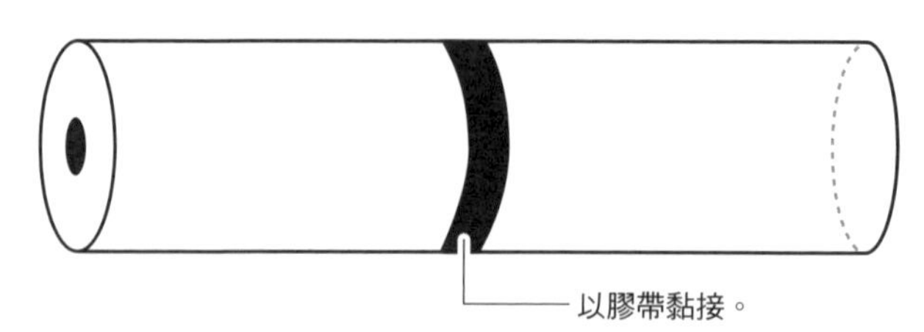

❹ 綁住氣球口，剪去後端1/3的氣球。

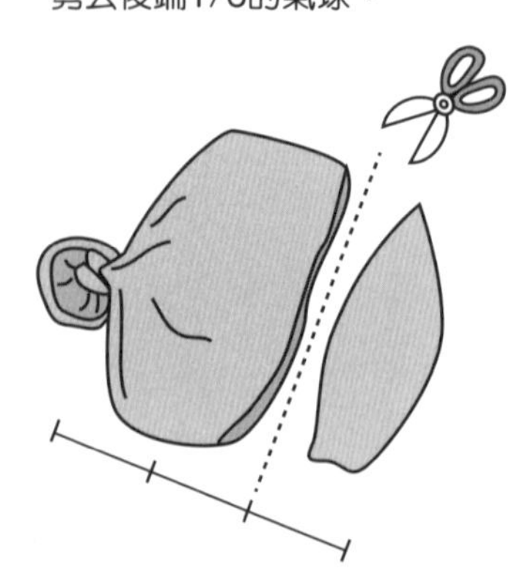

❺ 將❹氣球套入挖去底面的中空圓筒，以膠帶黏牢固定。

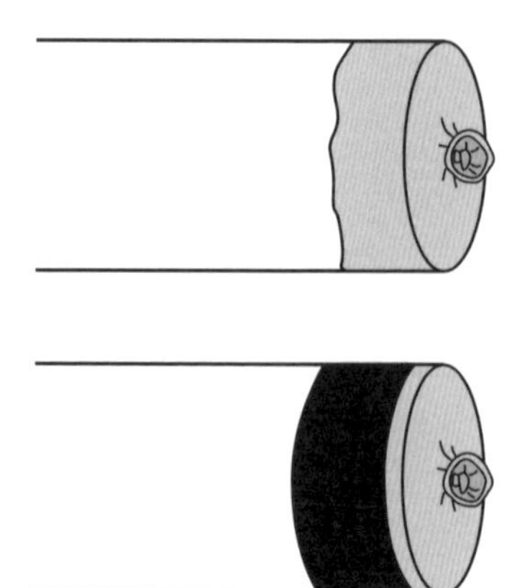

❻ 製作握把。將細長的紙盒剪出切口，以便黏貼膠帶。
將保麗龍盤剪成小塊狀塞入盒中補強，確保以手握住也不易損壞。

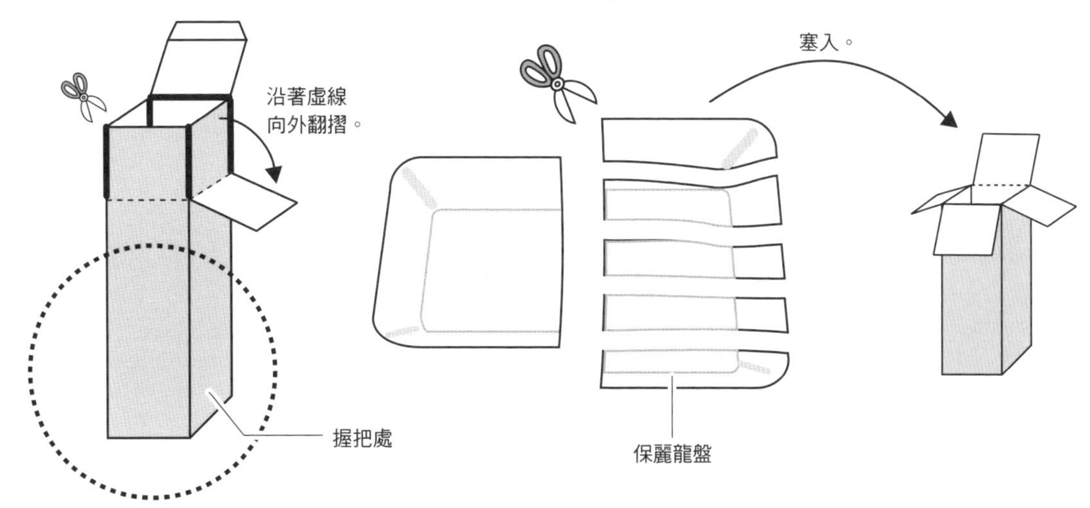

❼ 如圖所示以膠帶將❻固定在❺上。

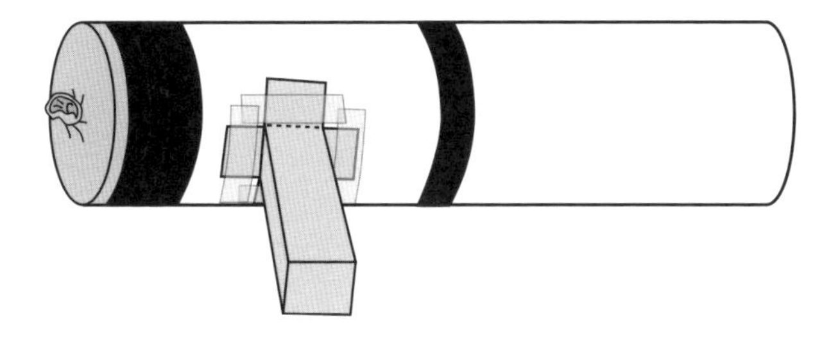

❽ 以膠帶將整個砲管纏成黑色，
再以貼紙等裝飾成酷帥的模樣。
完成！

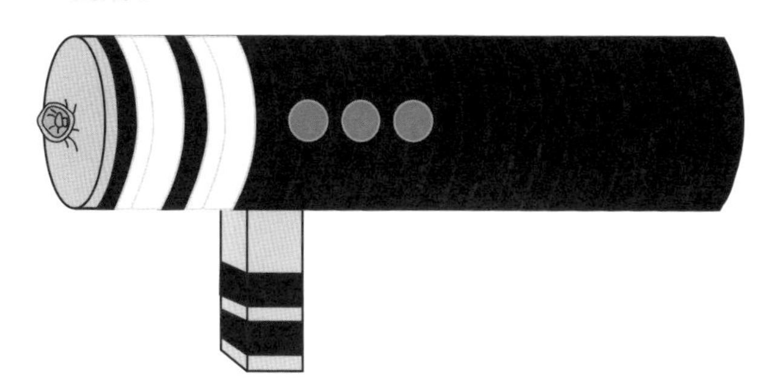

〈小標靶的作法〉

❾ 將裁成圖示大小的紙張對摺，摺線朝上＆畫上圖案或數字後，
沿著輪廓剪下，但保留摺線部分不剪。

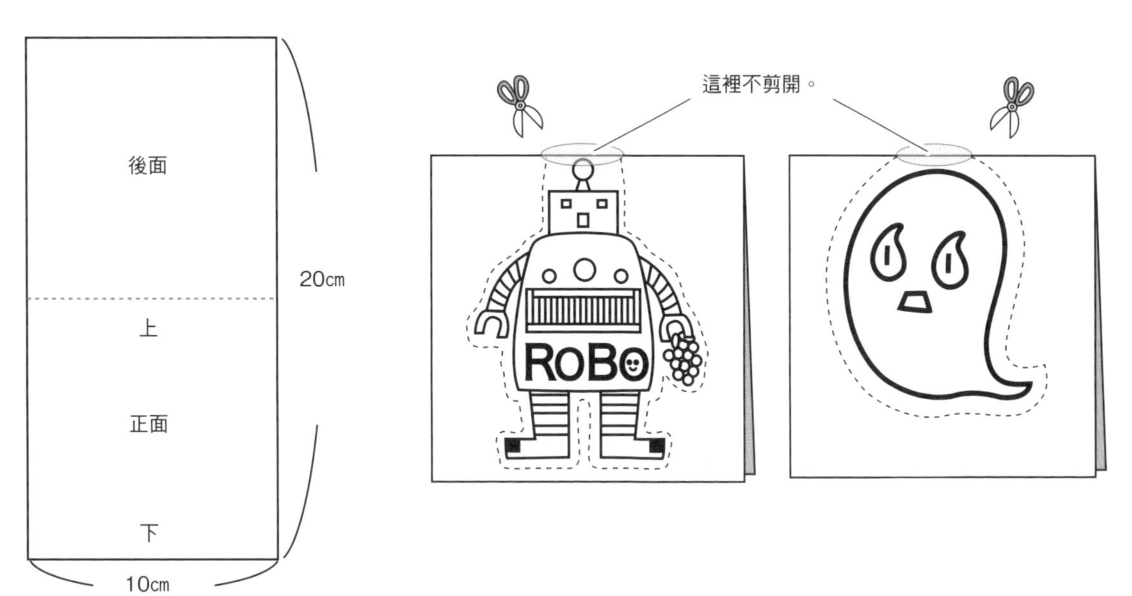

P.29

35

柔和的燈光♡

剪紙風燭台

完成尺寸

寬／7.5cm・高／10.5cm

工具

剪刀、糨糊、雙面膠

材料

牛奶盒……1個
黑色圖畫紙（A3）……1張
黑色圖畫紙（長10cm×寬15cm）……1張
LED燈或蠟燭……1個

❶ 以手撕開牛奶盒黏膠處，將整個紙盒攤開。再沿摺線剪掉上下端（注口＆底部）。

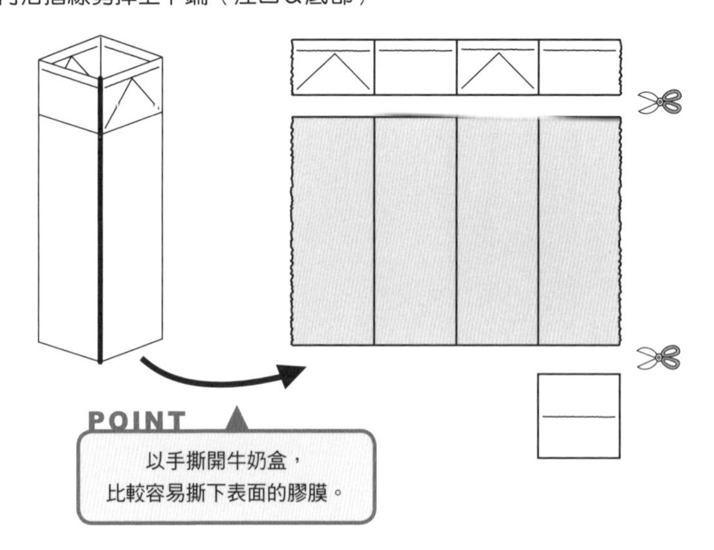

POINT
以手撕開牛奶盒，比較容易撕下表面的膠膜。

❷ 從邊端撕下表面的膠膜。

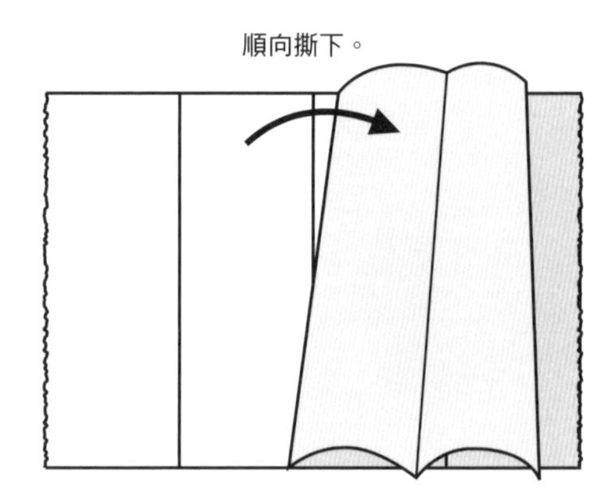

❸ 在原本的摺線之間再摺出摺線。

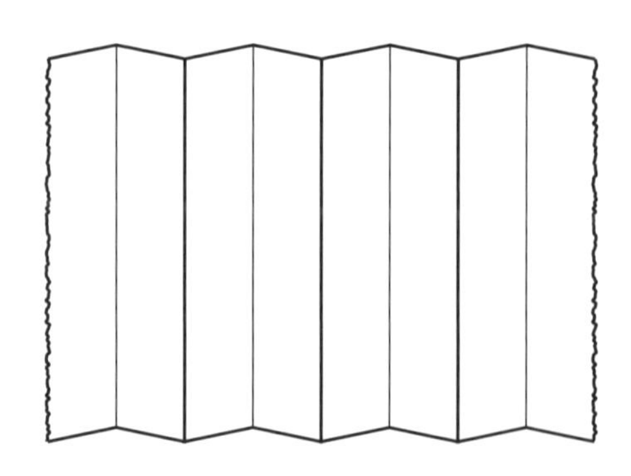

❹ 以手將❸撕成上下兩半。

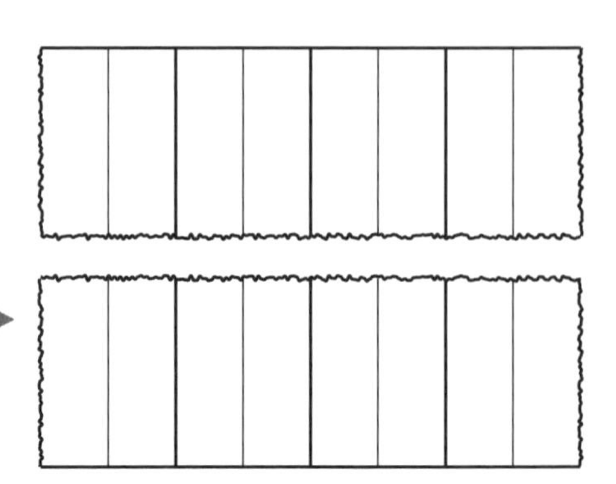

POINT
手撕處經燈光照射會變得很漂亮，所以建議用撕的不要用剪的。

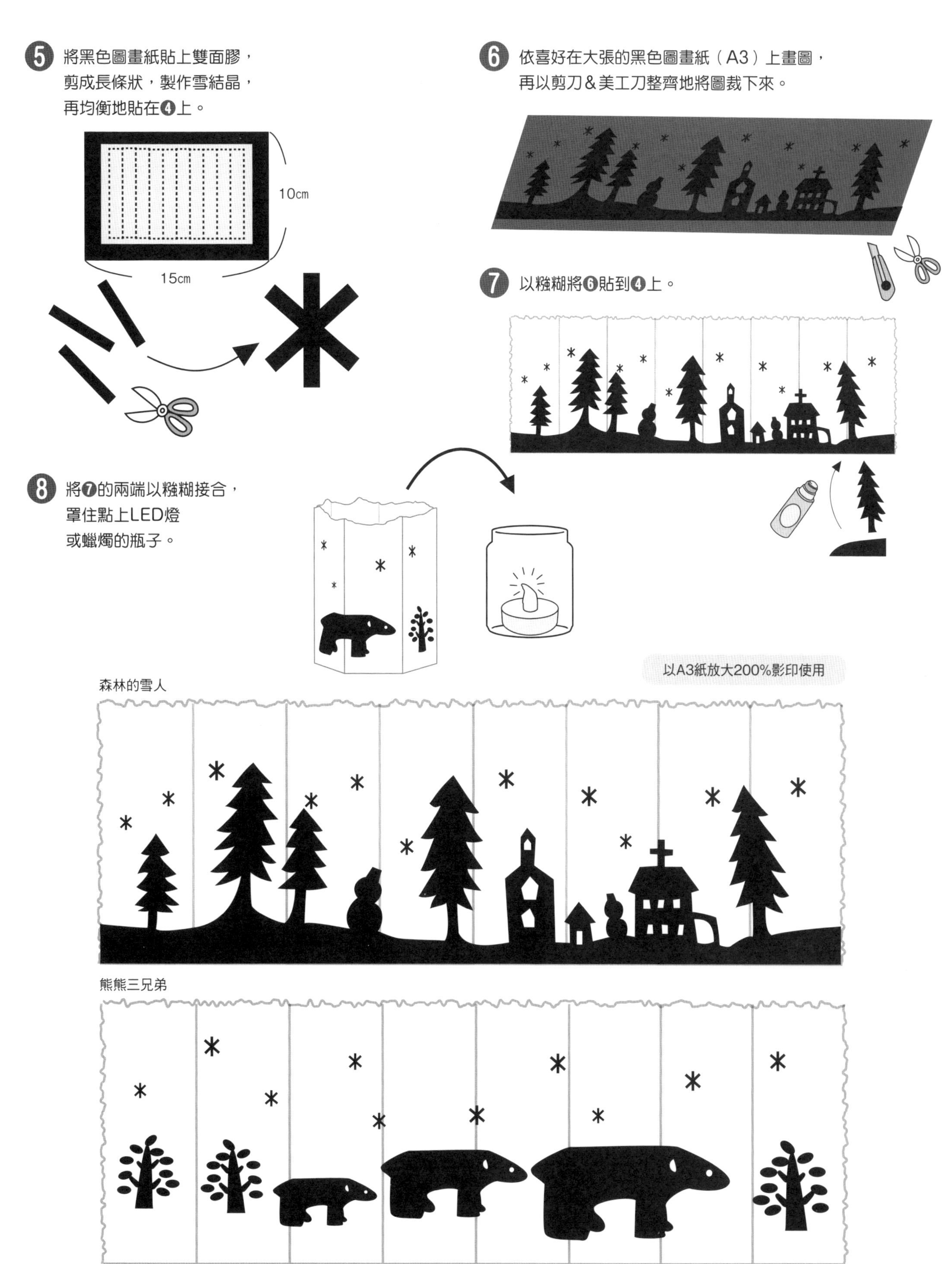

5 將黑色圖畫紙貼上雙面膠，
剪成長條狀，製作雪結晶，
再均衡地貼在4上。
10cm
15cm
6 依喜好在大張的黑色圖畫紙（A3）上畫圖，
再以剪刀＆美工刀整齊地將圖裁下來。
7 以糨糊將6貼到4上。
8 將7的兩端以糨糊接合，
罩住點上LED燈
或蠟燭的瓶子。
以A3紙放大200%影印使用
森林的雪人
熊熊三兄弟

P.30

36

閃亮扁珠！

簡單的花窗玻璃

完成尺寸

寬／32cm・高／20.2cm

工具

木工膠、雙面膠、錐子、珠針

材料

相框……2個
合頁（2.2cm）……2個
不織布（黑）……2片
扁彈珠……1袋
玻璃窗貼（50cm正方形）……1張
珍珠……適量

紙型參見P.34

1 以合頁連接兩個相框。

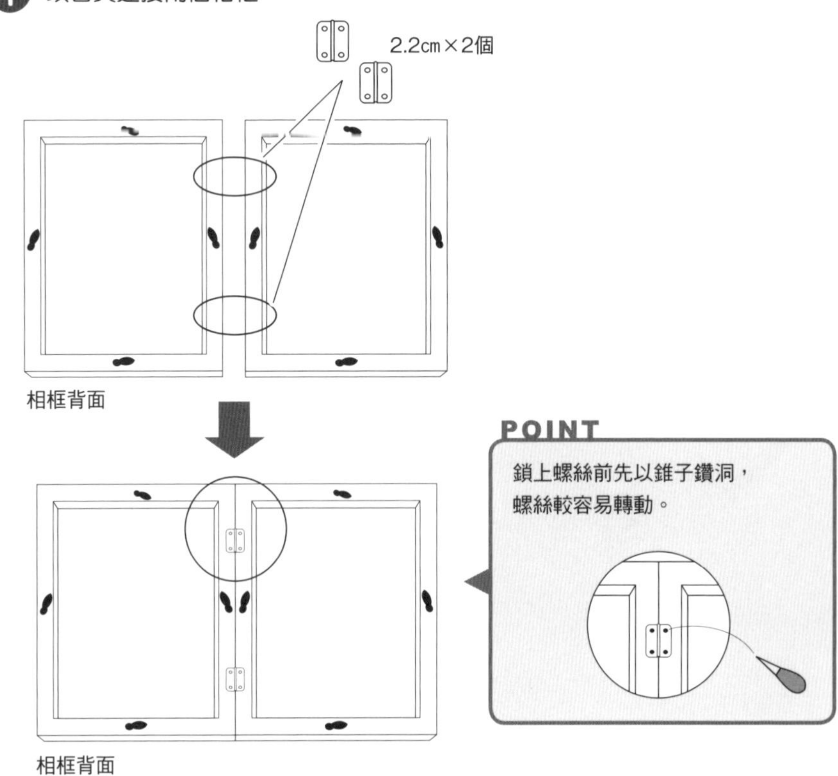

2 將玻璃窗貼在相框原本放玻璃的位置。

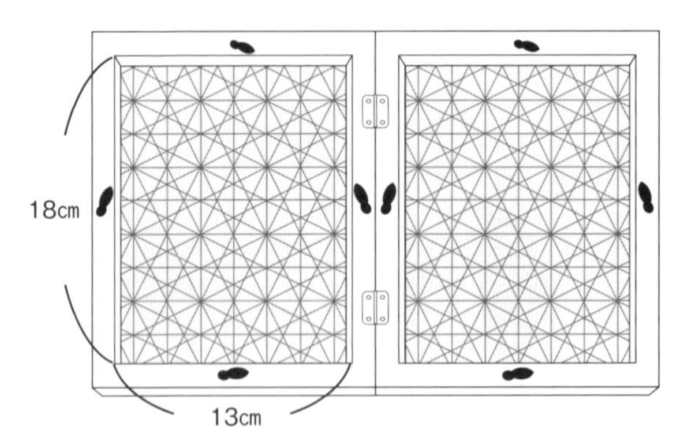

3 在黑色不織布上疊放P.34紙型，以剪刀進行裁剪。
先以珠針固定紙型再剪。

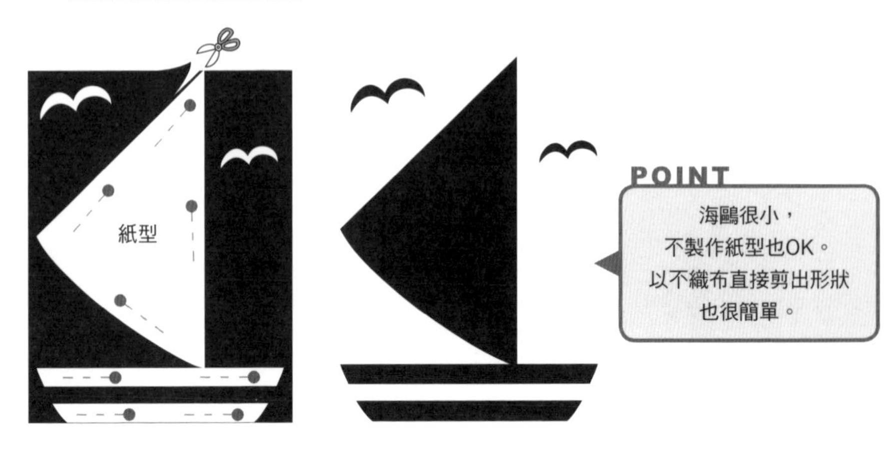

❹ 在不織布上挖洞。先剪一個「×」，再剪四周，將洞剪得比扁珠小一圈。
接著以木工膠將扁珠黏在洞上，珍珠則黏在不織布上。

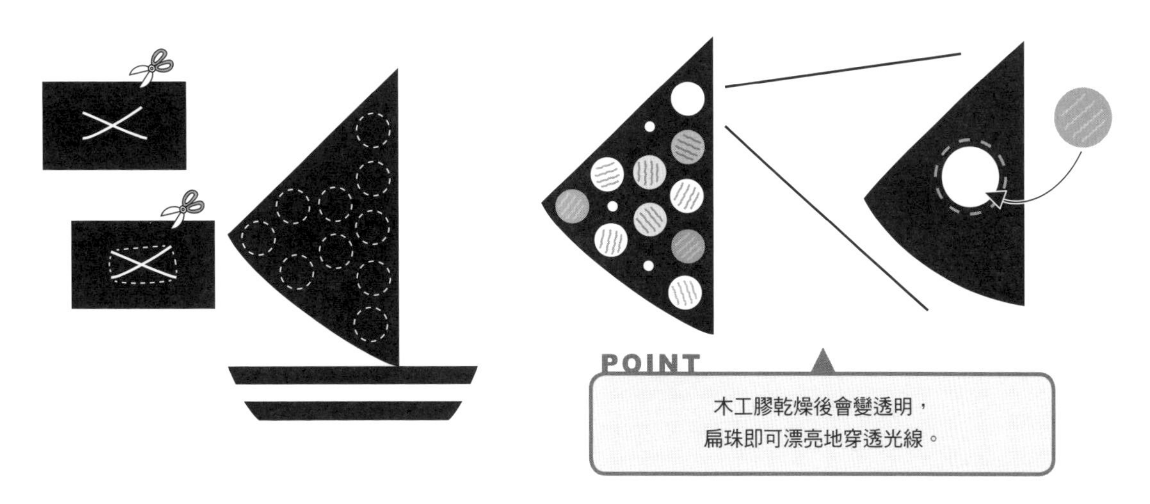

❺ 以木工膠將❹黏在❷上。

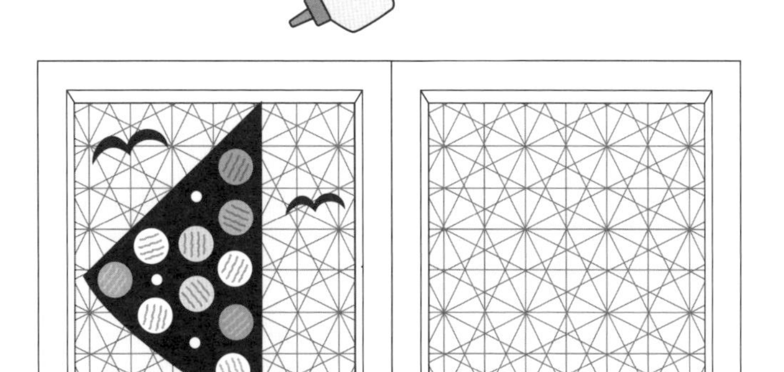

❻ 右側相框的作法亦同，以木工膠黏上魚造型的不織布。

相框正面

P.31

37 38

看見奇妙的世界！

閃亮亮☆七彩萬花筒☆

完成尺寸

37 圓柱萬花筒

‥‥‥‥‥‥‥‥長／14cm・寬／2.5cm

38 三角萬花筒

‥‥‥‥‥‥‥‥長／14cm・寬／2.5cm

工具

剪刀、透明膠帶、砂紙、筆記用具

材料

37 圓柱萬花筒

壓克力鏡面紙‥‥‥‥‥‥‥‥1張
彈珠（直徑2.5cm）‥‥‥‥‥‥1個
紙管（直徑2.5cm）‥‥‥‥‥‥1個
圖畫紙（黑色）‥‥‥‥‥‥‥1張
紙膠帶‥‥‥‥‥‥‥‥‥‥‥適量

38 三角萬花筒

壓克力鏡面紙‥‥‥‥‥‥‥‥1張
彈珠（直徑3cm）‥‥‥‥‥‥‥1個
紙膠帶‥‥‥‥‥‥‥‥‥‥‥適量

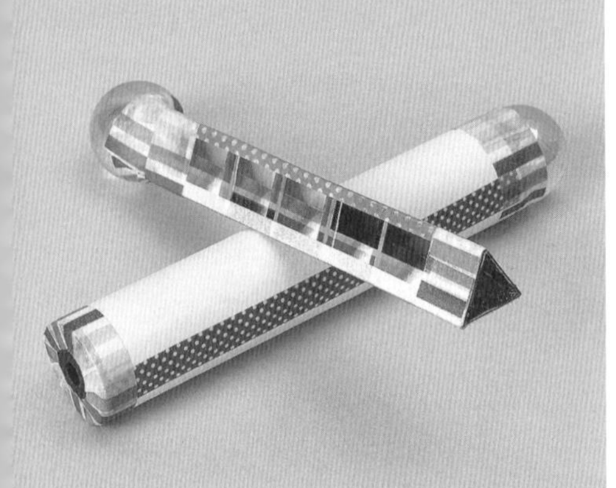

【37 38 通用】

❶ 將裁成寬1.6cm・長12cm的壓克力鏡面紙依圖示以透明膠帶接黏固定。

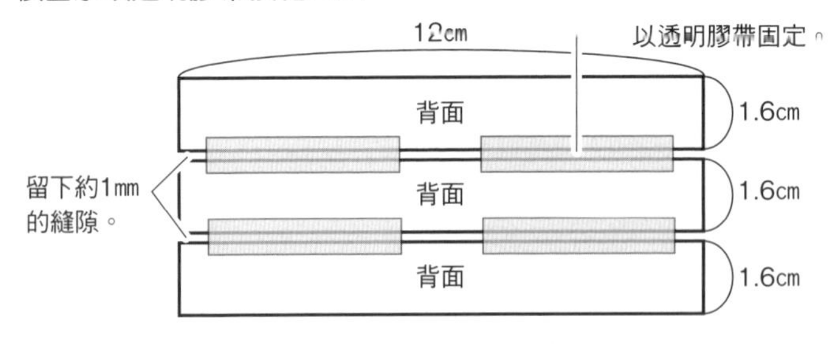

❷ 將作為鏡子的那一面置於內側，組裝後以透明膠帶固定。

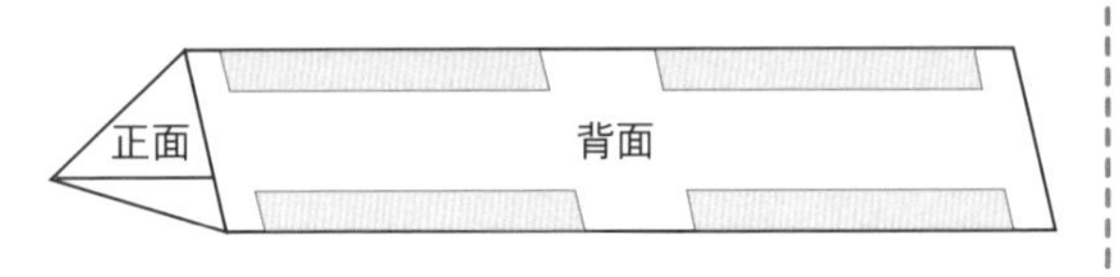

【37 圓柱萬花筒】

❶ 先作好37和38通用的三角柱。
以美工刀將紙管（直徑2.5cm・內徑2cm）裁成12.5cm長。
若美工刀切不開，可改用鋸子。切口再以砂紙磨平。

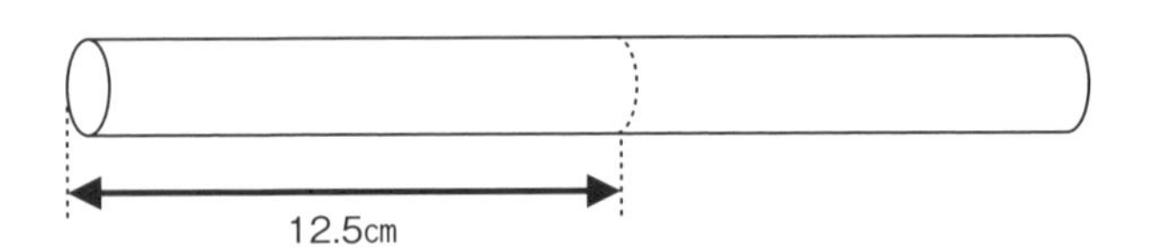

❷ 將❷的三角柱穿進❶的紙管內。

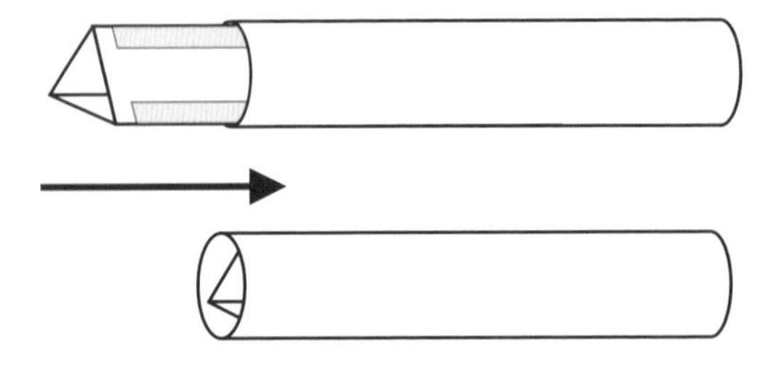

❸ 將❷的管口放上彈珠，以紙膠帶確實黏牢固定。

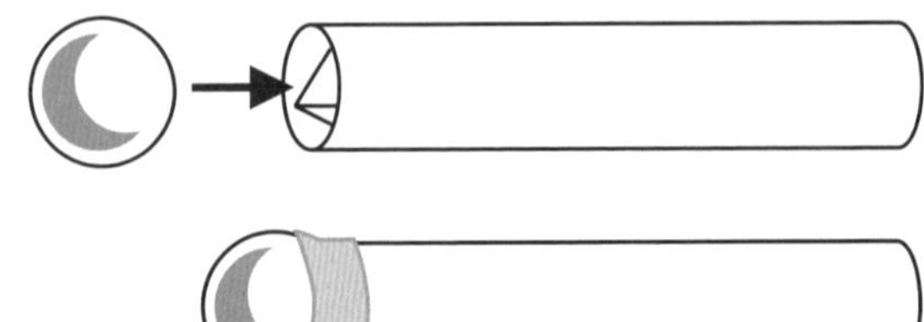

❹ 將紙管口抵在黑色圖畫紙上畫圓，
再以剪刀剪下＆在圓片的正中間挖一個直徑5mm的孔。

❺ 將❹的圓片覆蓋住紙管的另一端，以紙膠帶固定。
紙膠帶繞管子一圈，使一半突出於管子外。

❻ 將突出於管子外的紙膠帶剪出切口，
再一片片倒下黏貼於圓片上。
最後再以紙膠帶裝飾紙管外側。

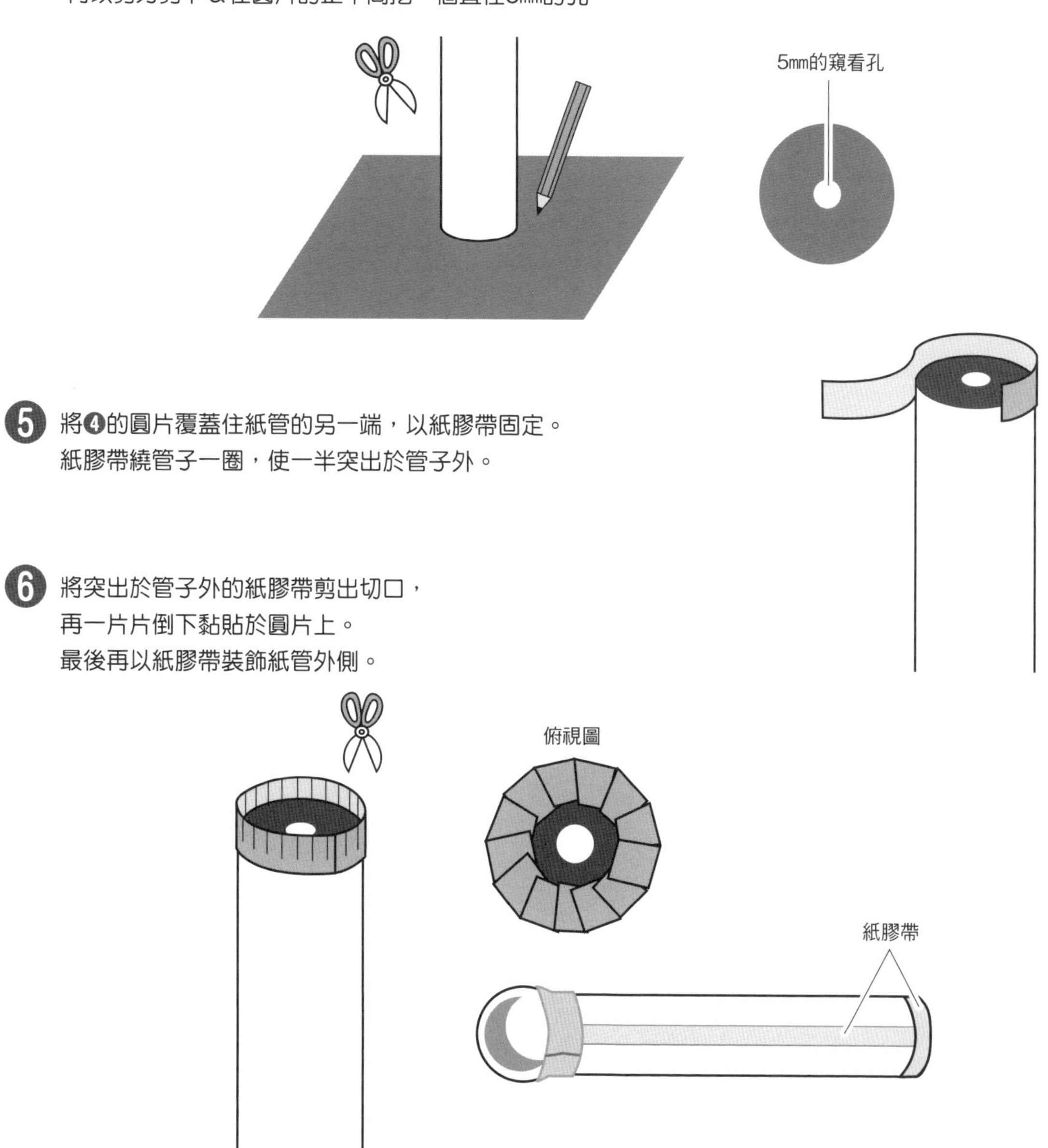

【38 三角萬花筒】

❶ 製作37和38通用的三角柱，並裝飾上紙膠帶或亮晶晶膠帶等。
在三角柱的前端放上彈珠，以紙膠帶黏牢固定。完成！

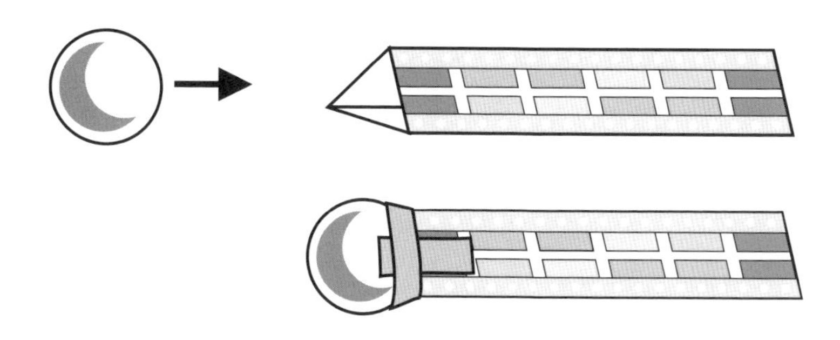

P.32

39

散發精油香氣♪

果凍芳香劑

完成尺寸

〈紫色〉

‥‥‥‥‥‥‥‥ 寬／5.5㎝・高／8㎝

〈橘色〉

‥‥‥‥‥‥‥‥ 寬／7.5㎝・高／7.5㎝

工具

剪刀、湯匙、杯子、瓶子

材料

保冷劑	3個
水	少許
精油（味道隨喜好）	1至2滴
水彩顏料（顏色隨喜好）	3色
蕾絲紙	1片
橡皮筋	1條
緞帶	適量

❶ 將恢復常溫的保冷劑＆少許的水倒入杯中，攪拌混合。

❷ 將1至2滴精油＆加了水彩顏料的水，分次倒入杯中，以湯匙慢慢攪拌。

❸ 將混合好的❷倒入瓶中。重複❶至❸的動作，完成三層的顏色。

❹ 瓶口覆蓋蕾絲紙＆以橡皮筋固定，再以剪刀修剪蕾絲紙。

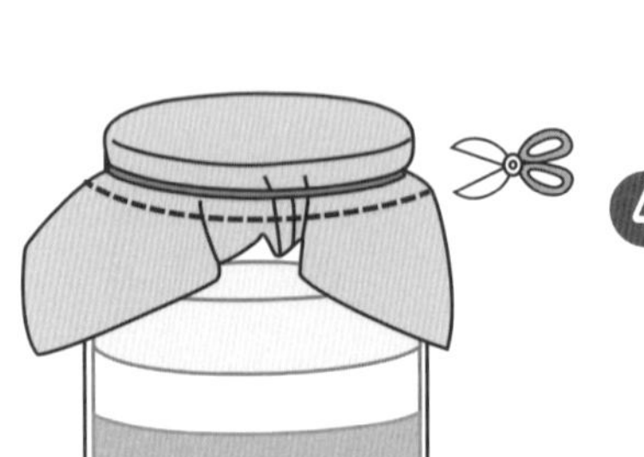

❺ 綁上緞帶遮住橡皮筋，完成！

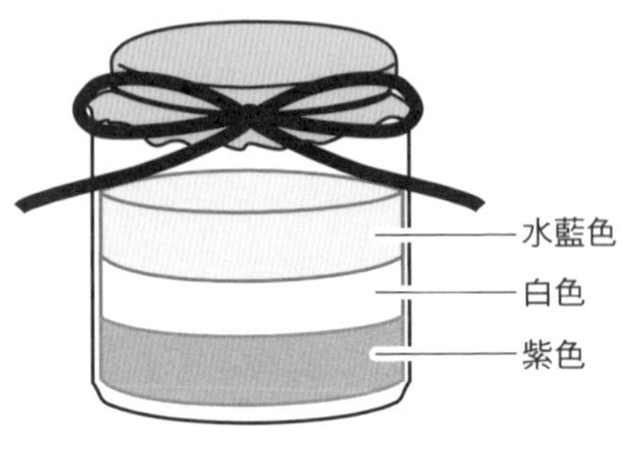

玩勞作 03

好奇心 × 靈活動腦 × 手眼協調

親子同樂·創造力UP UP的
好有趣手作遊戲DIY

授　　權／BOUTIQUE-SHA
譯　　者／瞿中蓮
發 行 人／詹慶和
總 編 輯／蔡麗玲
執行編輯／陳姿伶
編　　輯／蔡毓玲・劉蕙寧・黃璟安・李佳穎・李宛真
封面設計／韓欣恬
美術編輯／陳麗娜・周盈汝
內頁排版／造極
出 版 者／Elegant-Boutique新手作
發 行 者／悅智文化事業有限公司　郵政劃撥帳號／19452608
戶　　名／悅智文化事業有限公司
地　　址／220新北市板橋區板新路206號3樓
電　　話／(02)8952-4078　傳真／(02)8952-4084
網　　址／www.elegantbooks.com.tw
電子郵件／elegant.books@msa.hinet.net

2017年7月初版一刷　定價300元

Lady Boutique Series No.4247
TSUKUTTE TANOSHII OMOSHIRO KOUSAKU BOOK

經銷／高見文化行銷股份有限公司
地址／新北市樹林區佳園路二段70-1號
電話／0800-055-365　傳真／(02)2668-6220

國家圖書館出版品預行編目(CIP)資料

好奇心×靈活動腦×手眼協調：親子同樂・創造力UPUP的好有趣手作遊戲DIY / BOUTIQUE-SHA授權；翟中蓮譯.
-- 初版. -- 新北市：新手作出版：悅智文化發行, 2017.07
面；　公分. -- (玩・勞作；3)
ISBN 978-986-94731-5-6(平裝)

1.玩具 2.手工藝

426.78　　106009606

雅書堂 EB 新手作

雅書堂文化事業有限公司

22070新北市板橋區板新路206號3樓

facebook 粉絲團:搜尋 雅書堂

部落格 http://elegantbooks2010.pixnet.net/blog

TEL:886-2-8952-4078 · FAX:886-2-8952-4084

趣・手藝 16

166枚好感系×超簡單創意剪紙圖案集：摺！剪！開！完美剪紙3 Steps
室岡昭子◎著
定價280元

趣・手藝 17

可愛又華麗的俄羅斯娃娃&動物玩偶：繪本風の不織布創作
北向邦子◎著
定價280元

趣・手藝 18

玩不織布扮家家酒！在家自己作12間超人氣甜點屋&西餐廳&壽司店的50道美味料理
BOUTIQUE-SHA◎著
定價280元

趣・手藝 19

文具控最愛の手工立體卡片——超簡單！看圖就會作！祝福不打烊！萬用卡×生日卡×節慶卡自己一手搞定！
鈴木孝美◎著
定價280元

趣・手藝 20

初學者ok啦！一起來作36隻超萌の串珠小鳥
市川ナヲミ◎著
定價280元

趣・手藝 21

超有雜貨FU！文具控&手作迷一看就想刻のとみこ橡皮章：手作創意明信片x包裝小物x雜貨風袋物
とみこはん◎著
定價280元

趣・手藝 22

剪+貼+縫！88款不織布の季節布置小物
BOUTIQUE-SHA◎著
定價280元

趣・手藝 23

Bonjour！可愛喲！超簡單巴黎風黏土小旅行：旅行×甜點×娃娃×雜貨 女孩最愛の造型黏土BOOK
蔡青芬◎著
定價320元

趣・手藝 24

macaron可愛進化！布作x刺繡，手作56款超人氣花式馬卡龍吊飾
BOUTIQUE-SHA◎著
定價280元

趣・手藝 25

「布」一樣の可愛！26個牛奶盒作的布盒 完美收納紙膠帶&桌上小物
BOUTIQUE-SHA◎著
定價280元

趣・手藝 26

So yummy！甜在心黏土蛋糕 揉一揉，捏一捏，我也是甜心糕點大師！（暢銷新裝版）
幸福豆手創館（胡瑞娟 Regin）◎著
定價280元

趣・手藝 27

紙の創意！一起來作75道簡單又好玩の摺紙甜點×料理
BOUTIQUE-SHA◎著
定價280元

趣・手藝 28

活用度100%！500枚橡皮章日日刻
BOUTIQUE-SHA◎著
定價280元

趣・手藝 29

nap's小可愛手作帖：小玩皮！雜貨控の手縫皮革小物
長崎優子◎著
定價280元

趣・手藝 30

誘人の夢幻手作！光澤感×超擬真，一眼就愛上の甜點黏土飾品37款（暢銷版）
河出書房新社編輯部◎著
定價300元

趣・手藝 31

心意・造型・色彩all in one 一次學會緞帶×紙張の包裝設計24招！
長谷良子◎著
定價300元

趣・手藝 32

繫上女孩の優雅&浪漫 天然石×珍珠の結編飾品設計69款
日本ヴォーグ社◎著
定價280元

趣・手藝 33

Party Time！女孩兒の可愛不織布甜點家家酒：廚房用具×甜點×麵包×Pizza×餐盒×套餐
BOUTIQUE-SHA◎著
定價280元

趣・手藝 34

動動手指就OK！三秒鐘，愛上62枚可愛の摺紙小物
BOUTIQUE-SHA◎著
定價280元

趣・手藝 35

簡單好縫大成功！一次學會65件超可愛皮小物×實用長夾
金澤明美◎著
定價320元

趣・手藝 36

超好玩&超益智！趣味摺紙大全集—完整收錄157件超人氣摺紙動物&紙玩具
主婦之友社◎授權
定價380元

趣・手藝 37

大日子×小手作！365天都能送の祝福系手作黏土禮物提案FUN送BEST.60
幸福豆手創館（胡瑞娟 Regin）
師生合著
定價320元

趣・手藝 38

100%可愛の塗鴉裝飾！手帳控&卡片迷都想學の手繪風文字圖繪750點
BOUTIQUE-SHA◎授權
定價280元

趣・手藝 39

不澆水！黏土作的喲！超可愛多肉植物小花園：仿飾雜貨×人氣配色×手作綠意一懶人在家也能作の經典款多肉植物黏土BEST25
蔡青芬◎著
定價350元

趣・手藝 40

簡單・好作の不織布換裝娃娃時尚微手作──4款風格娃娃×80件魅力服裝&配飾
BOUTIQUE-SHA◎授權
定價280元

趣・手藝 41

Q萌玩偶出沒注意！輕鬆手作112隻療癒系の可愛不織布動物
BOUTIQUE-SHA◎授權
定價280元

趣・手藝 42

【完整教學圖解】摺×疊×剪×刻4步驟完成120款美麗剪紙
BOUTIQUE-SHA◎授權
定價280元

趣・手藝 43

9位人氣作家可愛發想大集合 每天都想使用の萬用橡皮章圖案集
BOUTIQUE-SHA◎授權
定價280元

趣・手藝 44

動物系人氣手作！
DOGS & CATS・可愛の掌心貓狗動物偶
須佐沙知子◎著
定價300元

趣・手藝 45

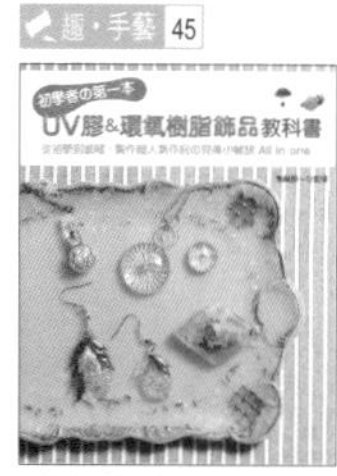

初學者の第一本UV膠飾品教科書
從初學到進階！製作超人氣作品の完美小祕訣All in one！
熊崎堅一◎監修
定價350元

趣・手藝 46

定食・麵包・拉麵・甜點・擬真度100%！輕鬆作1/12の微型樹脂土美食76道
ちょび子◎著
定價320元

趣・手藝 47

全齡OK！親子同樂腦力遊戲完全版・趣味翻花繩大全集
野口廣◎監修
主婦之友社◎授權
定價399元

趣・手藝 48

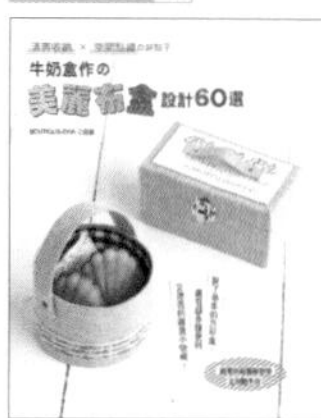

牛奶盒作の！美麗布盒設計60選
清爽收納x空間點綴の好點子
BOUTIQUE-SHA◎授權
定價280元

趣・手藝 50

CANDY COLOR TICKET
超可愛の糖果系透明樹脂x樹脂土甜點飾品
CANDY COLOR TICKET◎著
定價320元

趣・手藝 49

原來是黏土！MARUGOの彩色多肉植物日記：自然素材・風格雜貨・造型盆器懶人在家也能作の經典多肉植物黏土ZAKKA.27
丸子（MARUGO）◎著
定價350元

趣・手藝 51

Rose window美麗&透光：玫瑰窗對稱剪紙
平田朝子◎著
定價280元

趣・手藝 52

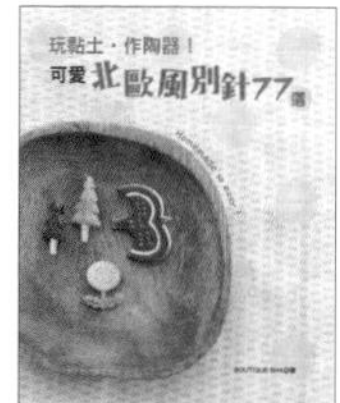

玩黏土・作陶器！可愛北歐風別針77選
BOUTIQUE-SHA◎授權
定價280元

趣・手藝 53

New Open・開心玩！開一間超人氣の不織布甜點屋
堀內さゆり◎著
定價280元

趣・手藝 54

Paper・Flower・Gift：小清新生活美學・可愛の立體剪紙花飾四季帖
くまだまり◎著
定價280元

趣・手藝 55

每日の趣味・剪開信封輕鬆作紙雜貨你一定會作的N個可愛版紙藝創作
宇田川一美◎著
定價280元

趣・手藝 56

可愛限定！KIM'S 3D不織布動物遊樂園（暢銷精選版）
陳春金・KIM◎著
定價320元

趣・手藝 57

家家酒開店指南：不織布の幸福料理日誌
BOUTIQUE-SHA◎授權
定價280元

趣・手藝 58

花・葉・果實の立體刺繡書
以鐵絲勾勒輪廓・繡製出漸層色彩的立體花朵
アトリエ Fil◎著
定價280元

趣・手藝 59

黏土×環氧樹脂・袖珍食物&微型店舖230選
Plus 11間商店街店舖造景教學
大野幸子◎著
定價350元

趣・手藝 61

雜貨迷超愛的木器彩繪練習本
20位人氣作家×5大季節主題・一本學會就上手
BOUTIQUE-SHA◎授權
定價350元

趣・手藝 62

不織布Q手作：超萌狗狗總動員！
陳春金・KIM◎著
定價350元

趣・手藝 63

晶瑩剔透超美的！繽紛熱縮片飾品創作集
一本OK！完整學會熱縮片的著色、造型、應用技巧……
NanaAkua◎著
定價350元

趣・手藝 64

開心玩黏土！MARUGO彩色多肉植物日記2
懶人派經典多肉植物&盆組小花園
丸子（MARUGO）◎著
定價350元

趣・手藝 65

一學就會の立體浮雕刺繡可愛圖案集
Stumpwork基礎實作：填充物+懸浮式技巧全圖解公開！
アトリエ Fil◎著
定價320元

趣・手藝 66

家用烤箱OK！一試就會作の陶土胸針&造型小物
BOUTIQUE-SHA◎授權
定價280元

趣・手藝 67

從可愛小圖開始學縫十字繡數格子×玩填色×特色圖案900+
大圖まこと◎著
定價280元

趣・手藝 68

超質感・繽紛又可愛的UV膠飾品Best37：開心玩×簡單作・手作女孩的加分飾品不NG初挑戰！
張家慧◎著
定價320元

趣・手藝 69

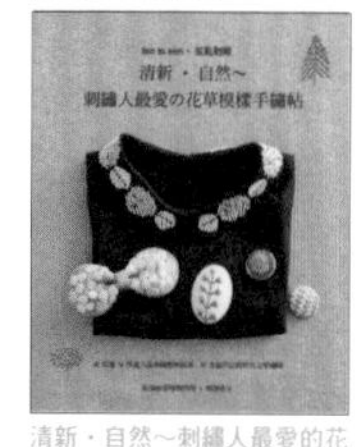

清新・自然～刺繡人最愛的花草模樣手繡帖
點與線模樣製作所 岡理恵子◎著
定價320元

趣・手藝 70

好想抱一下的軟QQ襪子娃娃
陳春金・KIM◎著
定價350元

趣・手藝 71

袖珍屋の料理廚房：黏土作の迷你人氣甜點&美食best82
ちょび子◎著
定價320元

趣・手藝 72

可愛北歐風の小巾刺繡：47個簡單好作的日常小物
BOUTIUQE-SHA◎授權
定價280元

趣・手藝 73

不能吃の～袖珍模型麵包雜貨：聞得到麵包香喔！不玩黏土，揉麵糰！
ぱんころもち・カリーノぱん◎合著
定價280元

趣・手藝 74

小小廚師の不織布料理教室
BOUTIQUE-SHA◎授權
定價300元

趣・手藝 75

親手作寶貝の好可愛圍兜兜
基本款・外出款・時尚款・趣味款・功能款，穿搭變化一極棒！
BOUTIQUE-SHA◎授權
定價320元